序

OMRON秉持著創新與挑戰的企圖心與堅持，造就了OMRON NJ系列開放式架構(Open Network)可程式控制器的誕生，為自動化產業注入更精準且快速的支援與應用。OMRON NJ系列商品符合PLCopen及IEC 61131-3規範，不僅功能優異卓越，架構更有別於傳統可程式控制器，運用開放式的架構來包容其他自動化控制商品，充份達到系統整合的最佳境界，也適時降低企業在自動化控制產品的建構成本並且提升產能，進而增強企業競爭力。

為能順利推展 OMRON NJ 系列商品，以提供自動化產業界更精準明確的支援與應用，繼發行「CP1E PLC 基礎應用指令」與「CJ/CS/NSJ PLC 基礎應用指令」後，再次發行「歐姆龍 Sysmac NJ 基礎應用－符合 IEC61131-3 語法編程」一書，不僅詳細介紹 NJ 系列商品硬體規範，更深入闡述其軟體應用與實例解說，讓有志瞭解與應用 NJ 系列商品者能夠循序漸進、充份明瞭 NJ 系列商品優異性能與實際應用的精準表現。

OMRON NJ系列商品符合IEC 61131-3 規範，以變數為基礎進行程式化並以具彈性(Flexible)的程式語言(Inline ST)建構資料庫，同時搭載運動控制功能(單軸定位/同步控制/多軸協調控制)與EtherCAT (Ethernet Control Automation Technology)機械控制專用開放式網路架構、以及OMRON獨創的FB 群(MoveLink)。性能更是大幅進化，在階梯圖控制的性能方面，速度約為CJ2H的8倍、而運動控制性能方面，更提升約為CJ2H的4倍。對於降低成本需求者，莫過於所有I/O 控制模組、介面模組及連接線等皆可和與現存之CJ系列共用，充份滿足企業降低成本支出的最大目的與利基。

其次NJ系列商品編輯軟體來自於OMRON自行研發之Sysmac Studio，這是首套應用於設定、監控以及編寫NJ 系列等相關Sysmac 產品程式的全新軟體架構。應用範圍在於將邏輯與運動控制可程式化、模組與軸控設定、EtherCAT通訊設定、監控執行狀態、運動控制的模擬與凸輪編輯器，以符合快速開發程式與整體測試環境的模擬。其中3D模擬更可輕鬆將轉軸控動作視覺化、模擬I/O、邏輯控制及運動控制、並能即時追蹤實際機械動作上的所有資料，與同時執行所有動作的模擬與檢視。更由於NJ系列商品符合IEC 61131-3的高階規範，使得符合IEC規範的程式語言，使用時更具彈性，以及功能區塊充份再利用，積極減省程式設計與測試的時間與人力成本，並能加速生產效率與增加產能。

傳統可程式控制器是以階梯圖程式為主體，並廣泛運用於機台控制設備上，但窺其缺點為複雜的運算公式較不容易編寫。相對之下，運算公式及控制程式以ST語言與階梯圖互相搭配下較容易發揮與撰寫，因此，在此背景下，市場上最需要的莫過於一個能夠滿足機器動作以及研發人員需求的特性，並且能夠提供最佳程式語言選擇的可程式控制器，這也就是NJ系列商品因應而生的最重要原因了。

最後，台灣歐姆龍公司期望藉由本書的精心製作與出版，分享予自動化產業界菁英與對OMRON NJ系列商品有興趣瞭解與學習者，同時殷切期盼NJ系列商品對台灣自動化業界能夠貢獻棉薄，有效為台灣產業提升助力與產能，共同繁榮台灣整體經濟環靜境，進而充份實現OMRON創始人 立石一真的企業理念--發揮挑戰的精神、創造社會需求與尊重人性。

本書中所刊載的電路配置、接線方法及程式等為一般的代表性範例。

使用前，請先詳讀相關組成產品的操作說明書或使用手冊，並確認規格、性能及安全性等。

又，操作產品時之所有相關安全事項，以使用說明書上所刊載的內容為優先。

目錄

第1章

ＮＪ系統概述

1-1 NJ 系統配置

1-1-1 CPU 模組

所有機型皆配備 USB 埠、EtherNet/IP 埠及 SD 卡插槽。內建運動控制功能，依所支援的動作軸數不同，共分為 8 個機型。

（NJ501、301 各自系列中，所有機型除動作軸數外，其他規格皆相同。）

CPU 型式	軸數	性能	輸出輸入點數 可安裝台數	資料庫 連接功能	程式容量 (*1)	變數容量 (*2)
NJ301-1100	4	LD ：3.0ns LREAL 累加： 42ns	2560 點 (40 組裝置) + EtherCAT 子機 I/O 數	無	5MB	0.5 MB： 有電源保持 2 MB： 無電源保持
NJ301-1200	8					
NJ501-1300	16	LD ：1.9ns LREAL 累加： 26ns			20MB	2 MB： 有電源保持 4 MB： 無電源保持
NJ501-1400	32					
NJ501-1500	64					
NJ501-1320	16					
NJ501-1420	32		有			
NJ501-1520	64					

*1 程式容量相當於 400 kstep（與 CJ2H-CPU68 相同）・・・相較於 NJ501

*2 變數容量約為 CJ2H-CPU68 的 3.5 倍　　・・・相較於 NJ501

■ 外觀與各部位名稱

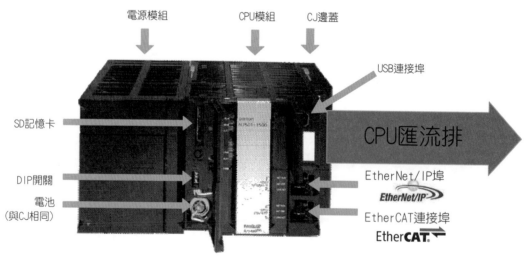

・ SD 記憶卡

　支援 SD 和 SDHC 兩種記憶卡

型式	記憶卡類型	容量	格式	可覆寫次數
HMC-SD291	SD	2GB	FAT16	10 萬回

1-1-2 電源模組

此為 NJ 專用，分 AC/DC 輸入。
CJ 專用電源雖能安裝在 NJ 系列的硬體上，卻無法實際使用。

| 型式 | 電源電壓 | 輸出容量 | | | RUN 接點 |
		DC5V	DC24V	總功率	
NJ-PA3001 型	AC100-240V	6.0A	1.0A	30W	有
NJ-PD3001 型	DC24V	6.0A	1.0A	30W	有

〈參考〉
隨著配置改變，關機時需要時間，因此請準備 NJ 專用電源，以延長斷電後的保存時間。
CJ 專用電源模組雖可安裝在 NJ 系列的硬體上，但卻無法達到斷電後的保存延長時間。因此，安裝 CJ 專用電源模組後，無法啟動 CPU，以保護資料。

1-1-3 特色

· 可讓 EtherCAT 的通訊週期與 PLC 引擎同步動作。
· 配備符合 PLC Open 規範之功能區塊※（以下將簡稱為「FB」）。
· CPU 已配備運動控制功能（單軸定位/同步控制/多軸協調控制）
· 此外還安裝了 OMRON 獨創的 FB 群（MoveLink）等

1-1-4 性能比較（NJ501 及 CJ2H）

· 在階梯圖控制的性能方面，速度約為 CJ2H 8 倍
· 運動控制性能方面，約為 CJ2H 4 倍

比較項目	NJ501	NJ301	CJ2H	相較於 CJ2H
LD 指令	1.9ns	3.0ns	16ns	8 倍
LREAL 指令（加法/減法指令）	26ns	42ns	6000ns	230 倍
運動控制（16 軸同步）	0.5ms	—	2ms	4 倍

※何謂「功能區塊」
就是事先將定型化處理作業（功能）編輯成為 1 個集合體（區塊），如此一來使用者只要將該功能區塊配置在程式中，並完成輸出輸入設定，即可開始使用之程式要素。

1-1-5　CJ 模組

NJ 模組的配置基本上和 CJ2 相同。

I/O 控制模組、I/O 介面模組及 I/O 連接線等皆可和 CJ 系列共用。

（如需透過程式存取 CJ 模組上的 I/O，請瀏覽本說明書末尾的參考資料「附件-5」。）

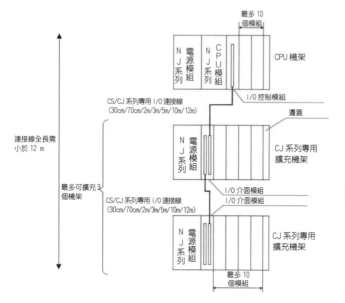

名稱	型式
I/O 控制模組	CJ1W-IC101
I/O 介面模組	CJ1W-II101
I/O 連接線	CS1W-CN**3

詳細說明請參閱最新的 NJ 系列 CPU 模組使用手冊之硬體篇。

種類	模組名稱
基本 I/O 模組	皆可使用。 （中斷輸入模組可當作一般的基本輸入模組使用。無法使用 I/O 中斷 Task 的起動功能。）
高功能 I/O 模組	絕緣型－完整多重(Full-Multi)輸入模組
	類比輸入，輸出，輸出/輸入模組
	絕緣型直流輸入模組
	溫度調節模組
	ID 感測器模組
	高速計數模組
	CompoNet 模組
CPU 高功能模組	序列通訊模組
	DeviceNet 模組
	EtherNet/IP 模組

■透過用戶程式存取 CJ 組件 I/O 之方法

透過用戶程式來存取各種裝置時，需使用變數
我們必須利用以下的 I/O 對應表畫面新增變數。
被配置到 I/O 通訊埠的變數即稱為 裝置變數 。

配置裝置變數時，可利用自動或手動其中一種方式。
亦可輸入繁體字。
除了運轉資料外，就連初始設定資料及姓名等也能存取。

下圖紅框範圍內的變數名稱為系統自動產生。變數名稱可自訂編輯，因此建議您最好
使用較簡單易懂的名稱。

I/O對應表

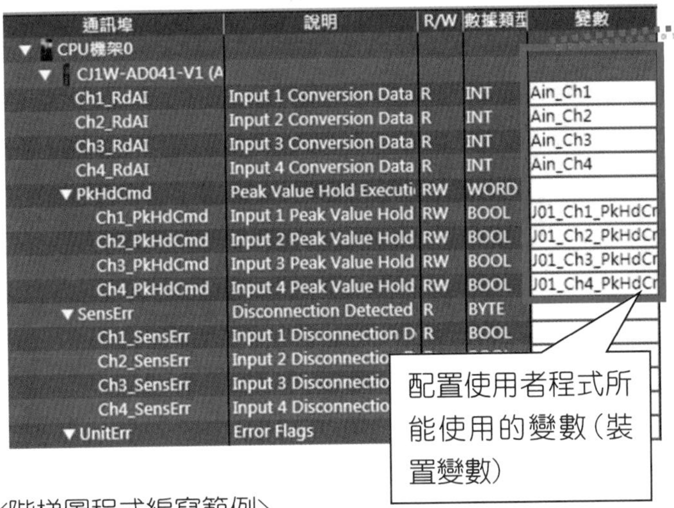

通訊埠	說明	R/W	數據類型	變數
▼ ▇ CPU機架0				
▼ ▇ CJ1W-AD041-V1 (A				
Ch1_RdAI	Input 1 Conversion Data	R	INT	Ain_Ch1
Ch2_RdAI	Input 2 Conversion Data	R	INT	Ain_Ch2
Ch3_RdAI	Input 3 Conversion Data	R	INT	Ain_Ch3
Ch4_RdAI	Input 4 Conversion Data	R	INT	Ain_Ch4
▼ PkHdCmd	Peak Value Hold Executi	RW	WORD	
Ch1_PkHdCmd	Input 1 Peak Value Hold	RW	BOOL	J01_Ch1_PkHdCr
Ch2_PkHdCmd	Input 2 Peak Value Hold	RW	BOOL	J01_Ch2_PkHdCr
Ch3_PkHdCmd	Input 3 Peak Value Hold	RW	BOOL	J01_Ch3_PkHdCr
Ch4_PkHdCmd	Input 4 Peak Value Hold	RW	BOOL	J01_Ch4_PkHdCr
▼ SensErr	Disconnection Detected	R	BYTE	
Ch1_SensErr	Input 1 Disconnection D	R	BOOL	
Ch2_SensErr	Input 2 Disconnectio			
Ch3_SensErr	Input 3 Disconnectio			
Ch4_SensErr	Input 4 Disconnectio			
▼ UnitErr	Error Flags			

配置使用者程式所能使用的變數（裝置變數）

〈階梯圖程式編寫範例〉

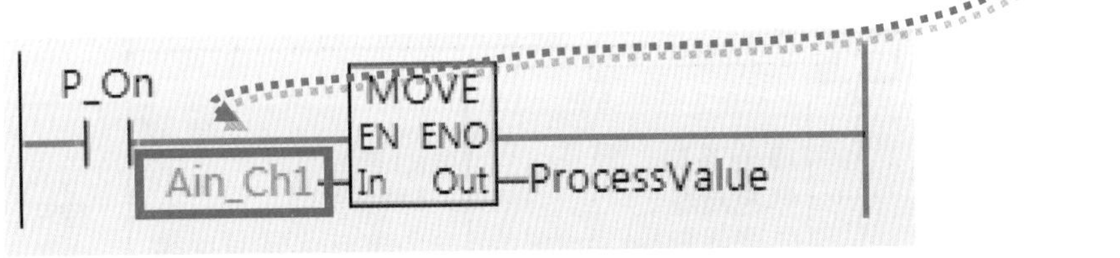

該部分代表↑隨時將 Ain_Ch1 MOVE（傳送）至 ProcessValue

1-2 週邊裝置組成配置

下圖為本系列之基本配置，透過 2 組 Open Network 互相連接。

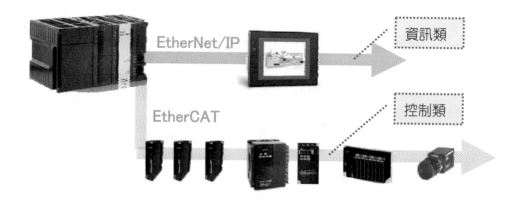

1-2-1 EtherNet/IP

EtherNet/IP 是一種使用 Ethernet（乙太網路）的資訊通訊專用開放式網路。
EtherNet/IP 可執行 Tag 資料連結及 CIP 訊息通訊等作業，主要是用來配置控制器間通信之資訊系統網路。

【控制器間網路範例】

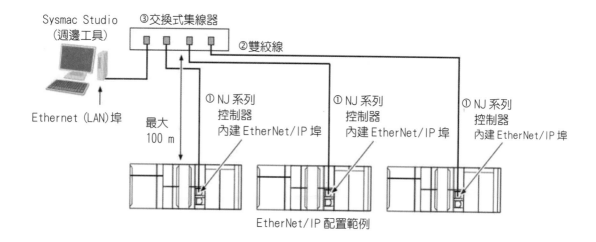

■ EtherNet/IP 功能規格 (NJ 系列)

　　NJ 系列內建的 EtherNet/IP 埠之特色

· EtherNet/IP 通訊 (Tag 資料連結、CIP Message 通訊)

　　可將網路變數的更新時間和 Task 同步。

　　支援 Tag 奇數位元指定功能

　　支援藉由路由器進行 Tag 資料連結功能

　　邏輯埠並無特別限制，因此能執行 CIP Message 通訊

　　不需要設定 IP，即可透過 AutoIP 工具連接

· 利用專用指令執行 Socket 通訊功能

　　標準搭載 Socket 通訊專用的 FB 指令 (內建 Socket)

· 支援 NTP (Network Time Protocol)

　　支援各種校時通訊協定，由 SNTP 進而到高精確度 NTP 對應

1-2-2　EtherCAT

EtherCAT (Ethernet Control Automation Technology) 是一種以乙太網路 (Ethernet) 系統為基礎的機械控制專用開放式網路。

〈特色〉

· 傳輸速度可達 100 Mbps 的超高速通訊

· 與乙太網路 (Ethernet) 間的相容性

　　EtherCAT 雖採用獨立的通訊協定，然實體層仍採用標準的乙太網路 (Ethernet) 技術，因此只要透過乙太網路線即可連接 (為提升工業自動化現場可靠性，需購買 OMRON 製專用纜線 (雙重隔離規格))。

■ EtherCAT 配置

　　EtherCAT 並不是將資料傳送到網路上的每台子機，而是讓乙太網路訊框通過每台子機。

　　EtherCAT 主機所傳送出來的乙太網路訊框會將通過所有的 EtherCAT 子機，接著由最後一台子機送回訊框，最後再回到 EtherCAT 主機。

　　此種配置可確保資料傳送的高速性與即時性。

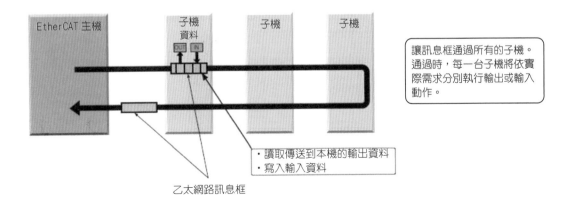

7

■ 網路拓樸（連接型態）

本系列所支援的網路拓樸包含以下 2 種。
　本產品亦支援分歧連接，於每個設備間進行繞線時將更簡便。

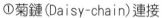

①菊鏈（Daisy-chain）連接

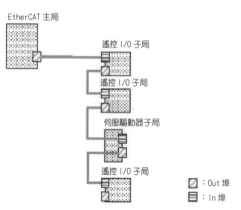

②分歧連接

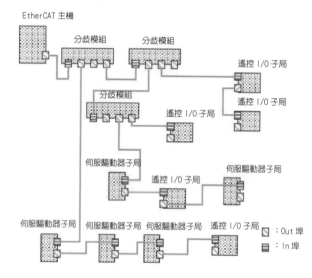

> 子局數：最多192台

> 子局之間的纜線長度：100m
> （分歧模組與子局之間：100 m）

> 網路總長度之最大值依配置不同
> 而異。

■ 分歧模組
　準備 EtherCAT 專用的分歧模組。（市售的乙太網路交換器並不適用）

有 3 埠與 6 埠 2 種機型。
支援 DC 功能※。

※DC（Distributed Clock：分散式時脈）功能
在所有的 EtherCAT 裝置（包含主局）都共同擁有「EtherCAT System Time」下，可執行時間同步之功能。如要執行 DC 功能，則需要對每個子局進行傳達延遲修正、飄移修正和偏移修正。

GX-JC03 型　　GX-JC06 型

子局名稱	埠數	型式	尺寸
EtherCAT 專用分歧模組	3 個連接埠	GX-JC03 型	寬 90 mm、長 25 mm、深 78 mm
	6 個連接埠	GX-JC06 型	寬 90 mm、長 48 mm、深 78 mm

1-3 Sysmac Studio 概述

Sysmac Studio 是一套可用來設定、監控以及編寫 NJ 系列等 Sysmac 產品程式的全新軟體。

1-3-1 Sysmac Studio 可執行工作

- 將邏輯與運動控制可程式化
- 模組、軸設定
- EtherCAT 設定
- 監控執行狀態
- 包含運動控制的模擬
- 凸輪編輯器

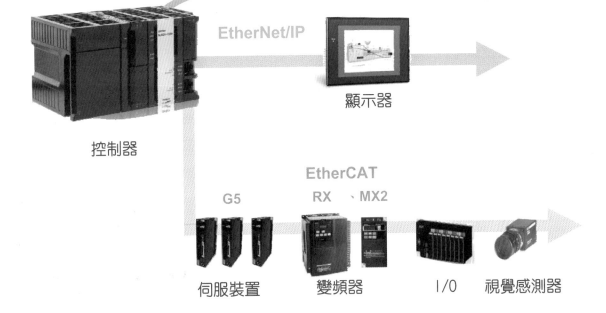

控制器

EtherNet/IP

顯示器

EtherCAT

G5　　　　RX 、MX2

伺服裝置　　變頻器　　I/O　視覺感測器

9

1-3-2 快速開發

<防止錯誤>
- 自動配置 I/O 裝置變數名稱
- 可依實際需要，輸出到需要的位置的變數一覽表
- 內建資訊保護功能

<減少反覆作業>
- 1 組全局變數表
- 減少多次定義相同的資料

<符合 IEC 61131-3 規範>
- 以變數為基礎進行程式化
- 庫專案
- 具彈性(Flexible)的程式語言(Inline ST)

1-3-3 整體測試環境

<3D 模擬>
- 輕鬆即可將轉軸動作視覺化
- 模擬 I/O、邏輯控制及運動控制
- 即時追蹤實機上的資料
- 可同時執行所有動作

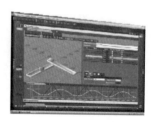

<數據追蹤設定>
- 可確認細部資料

<監控現在值>
- 可當場確認變數值

1-3-4 再利用性高

<再利用更簡單>
- 讓符合 IEC 規範的程式語言，使用時更具彈性，以及功能區塊再利用

<變數可程式化>
- 利用變數可程式化功能，節省再利用時重新設定程式碼所需時間。

<匯入/匯出>
- 可匯入/匯出專案

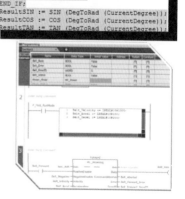

備忘頁

備忘頁

第2章

軟體設計必備知識

2−1　軟體環境

2-1-1　傳統程式化時之問題點(沿用階梯圖程式之設計範例)

延用設計雖可當作提高程式化生產力之對策，不過仍會出現各種問題，尤其在進行大規模的控制程式研發時，就會面臨工時無法再降低、品質難以再提升的窘境。

〈延用階梯圖設計之問題範例〉

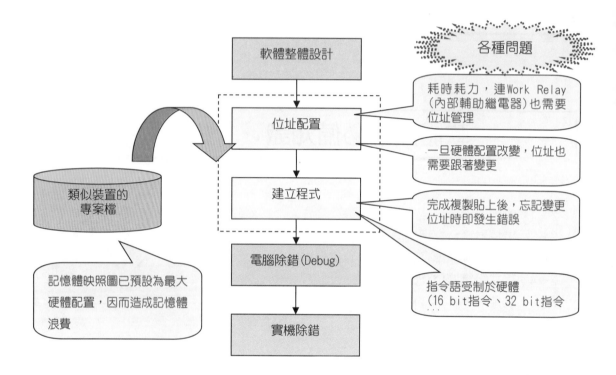

2-2 選擇最適合之程式語言

2-2-1 程式語言的種類及特色

目前，可程式控制器的程式語言係以階梯圖程式為主流。

階梯圖程式之所以廣泛被運用的原因在於，對於了解繼電器時序回路的硬體技術人員來說較容易掌握的。不過，其缺點就是複雜運算公式及控制程式較不容易編寫。

從另外一個角度來說，運算公式及控制程式在 PC 的軟體語言上也較容易發揮，現今亦有不少具備電腦程式編寫經驗的年輕技術人員。

在這樣的背景下，市場上最需要的莫過於一個能夠滿足機器動作以及研發人員的特性，並且能夠提供最佳程式語言選擇的可程式控制器。

NJ 在以下 5 種語言中，有對應階梯圖及 ST 程式之編寫。

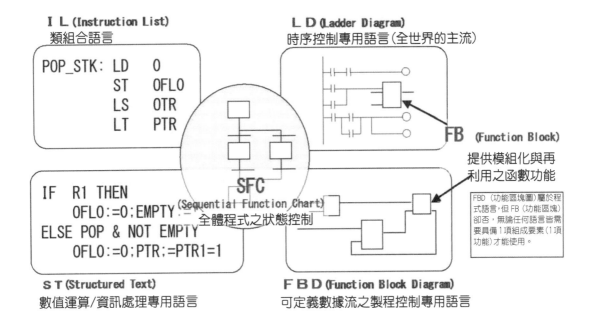

●ST（Structured Text）

適合運算處理及資訊處理之文字語言。

就連複雜的數值運算處理也能像數學公式般呈現出來，這讓過去階梯圖程式所不易實現的運算及控制程式等程式研發及維護作業能更輕而易舉地到位。

15

可根據程式處理內容，從階梯圖或 ST 語言當中選擇最適合者。

<語言選擇範例>

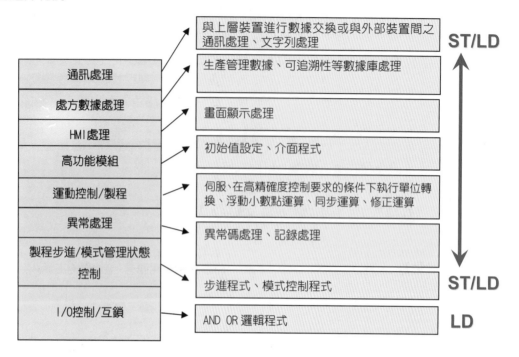

NJ 具備直接在階梯圖程式上編寫 ST 語言之能力。(Inline ST 功能)
編寫階梯圖程式時，可部分使用 ST 語言。

2-2-2　利用變數及結構化來提升生產力

利用變數及結構化來提升程式再利用性，同時藉由 ST 語言，讓生產力達到高於目前數倍之目標。

範例) 以 ST 語言取代階梯圖程式後之生產力實際數據

評估項目	項目	測量值
效率	(1) 以 ST 語言編程之效率 　　相較於階梯圖程式：8 倍	ST 編程時間：2.5 分鐘 LD 編程時間：20 分鐘
可讀性	(1) 程式→規格判讀效率 　　相較於階梯圖程式：11 倍	ST 程式轉換時間：1 分鐘以下 LD 程式轉換時間：11 分鐘
	(1) 程式顯示量 　　相較於階梯圖程式：25 倍	ST 程式顯示：0.25 頁 12 行 LD 程式顯示：6.25 頁 27 行

註) 以上數據係在特定條件下所完成之結果，並非所有條件下皆能產生同樣結果。

2-2-3　使用 NJ 提高研發生產力之概念

使用 NJ 提高研發生產力係導源於 3 個「One」概念[※]，不過對於研發流程來說，有部分流程卻有可能因此增加工時。（目前僅止於概念階段）

（※　One Machine Control、One connection、One software）

從概念上來說，就是投注時間進行結構化作業，以大幅降低編寫程式以後所需工時。

・傳統方式

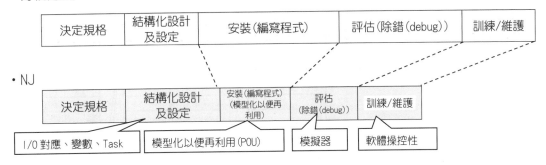

NJ 可將結構化及物件導向程式化環境予以整合，因此能大幅提高模型化以便再利用，研發類似的裝置時，效果更能大大提升。

2-2-4 結構化設計

除了規模極小的裝置外,目前裝置研發的趨勢在於程式的步數增加了,如欲提升軟體生產力及品質,建議您最好導入軟體學的思維,並且採用結構化的方式來編寫程式。NJ 配備完全的變數環境,輕鬆即可建構出結構化程式。

<結構化設計範例>

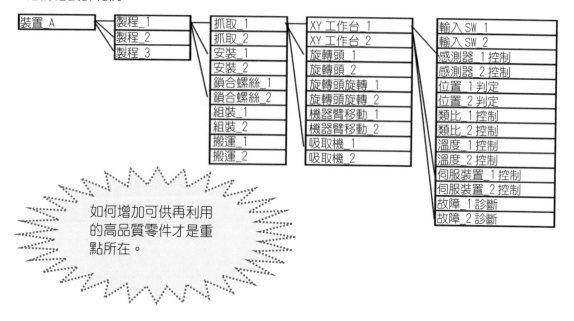

如何增加可供再利用的高品質零件才是重點所在。

2-3 符合國際標準(IEC 61131-3)之優點

2-3-1 採用 IEC 61131-3 之原因

所謂「IEC 61131-3」就是由 IEC(國際電工委員會)所制定,可程式化控制器軟體之相關
國際標準規範。

在全球競爭白熱化的環境下,IEC 61131-3 規範所制定的要求亦愈來愈高。

亞洲國家因為受到歐洲企業的影響,也逐漸採用此規範。

Sysmac Studio 符合 IEC 61131-3 規範。

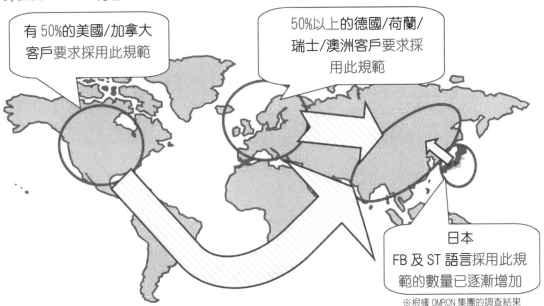

有 50%的美國/加拿大
客戶要求採用此規範

50%以上的德國/荷蘭/
瑞士/澳洲客戶要求採
用此規範

日本
FB 及 ST 語言採用此規
範的數量已逐漸增加

※根據 OMRON 集團的調查結果

率先導入 IEC 61131-3 的歐洲國家,認為此規範的價值在於

  (1) 可讀性(Readability)

  (2) 再利用性(Reusability)

  (3) 多語言(Variety of programming language: IL/LD/ST/SFC/FBD)

  (4) 移植性(Portability among multi-vender's programs)

  (5) 降低教育成本(Reducing education cost)

  (6) 學校教育(Education background)

  (7) 全球規範(Global standard)

  (8) 終端使用者要求(Service engineer at end-user requests the standard)

(參考)可程式化控制器之國際標準規範

  ● IEC61131-1 (JIS B3501):可程式化控制器一般資訊之相關規定

  ● IEC61131-2 (JIS B3502):可程式化控制器裝置之要求事項及相關測試規定

  ● IEC61131-3 (JIS B3503):可程式化控制器軟體之相關規定

  ※ JIS 也採用 IEC 規範。

NJ 系列及 SysmacStudio 提供了一個符合 IEC 61131-3 規範的程式環境。

2-3-2 IEC 61131-3 規範的概念

IEC 61131-3 是一種針對電腦技術之進化加以預測，並以「不受廠牌及機型限制」、「軟體模組化(零件化/程式再利用)」、「依用途及技術人員技術能力提供多種語言以供選擇」等為概念，於 1993 年所制定之國際規範。

NJ 係以該規範為理念，以功能區塊(FB)等 POU 為基本結構化程式、並配備變數、結構體/陣列之能靈活運用的指令，同時具備不受制於硬體之記憶體結構等。

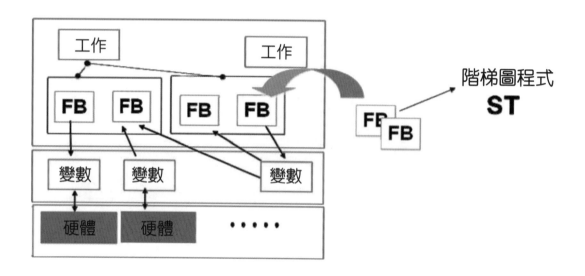

2-3-3 從硬體依附型轉換為軟體獨立型

當軟體不再受制於硬體條件後，就能產生以下優點。

·　程式不再需要編寫硬體位址。

　程式與硬體結構各自獨立，並藉由 I/O 映射圖互相連結。

·　數據雖各有不同類型，但命令可支援多種不同數據類型。

　即使數據大小(類型)不同，命令語言同樣能執行動作，如此就能將變更程式所造成的影響降至最低，此外，ST 及階梯圖也是使用相同的命令語言。

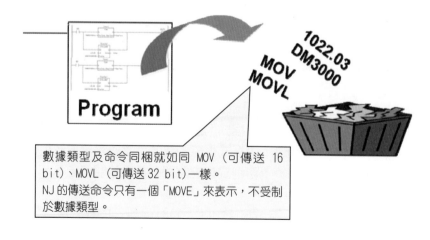

數據類型及命令同梱就如同 MOV（可傳送 16 bit）、MOVL（可傳送 32 bit）一樣。
NJ 的傳送命令只有一個「MOVE」來表示，不受制於數據類型。

2-4 程式組織單位(POU)及 Task

2-4-1 何謂「POU」

所謂「POU (Program Organization Unit)」就是 IEC 61131-3 對於使用者程式的執行模型所定義之單位，下圖為 IEC 61131-3 所規範之軟體模型。

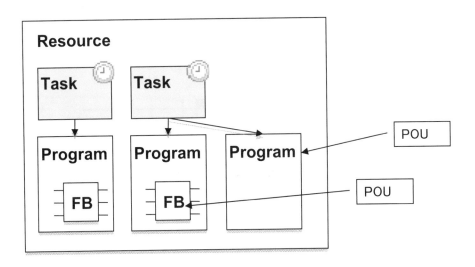

POU 是由程式/功能區塊(FB)等所組成的，同時也是軟體再利用之單位。
將 POU 配置為 Task 後，即可賦予其執行時間及執行屬性。

將多個 POU 加以組合，即可架構出一個完整的使用者程式。
POU 的組成要素可分為下列 3 種。
- 程式
- 功能區塊(FB)
- 功能(FUN)

2-4-2　IEC61131-3 的 Task

就 IEC 61131-3 的定義來說，所謂的「Task」就是用來指定使用者程式執行條件的一種功能。

IEC 61131-3 所定義的 Task 包含以下類型。

- 固定週期 Task
- 事件 Task（僅在事件發生時執行 1 個週期）

每個 Task 皆會被配置執行時間與執行優先順序。

系統會先處理執行優先順序較高的 Task，接著再開始處理執行優先順序次高的工作。

此外，在執行優先順序較低的工作時，優先順序較高的工作能是否能插入將依程序控制器的規格而定。

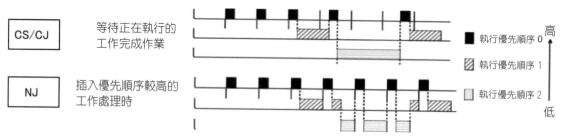

就概念上來說，CS/CJ 系列的 Task 與 IEC 61131-3 的 Task 概念完全不同。

CS/CJ 系列的 Task 係結合了 IEC 61131-3 的程式與工作兩種概念。除了中斷 Task 外，無法中途插入其他 Task 處理作業。（單一 Task）

NJ 系列可為 Task 配置程式及 I/O，而且，Task 會依既定的週期執行動作，並從優先順序較高的工作開始執行。（多工 Task）

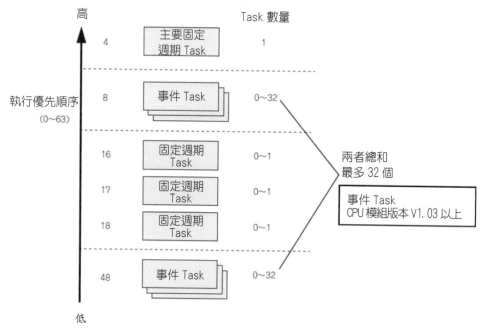

2-4-3 NJ301 之 Task 規格

■ NJ 系列分為下列 3 種。

種類	內容	工作數	優先順序
主要固定週期 Task	最優先被開始執行。執行時，運動控制週期與 EtherCAT 的通訊週期必須相同。	1 個	4（固定）
固定週期 Task	主要固定週期 Task 的空餘時間，才執行固定週期 Task。	0 ~ 3 個	16、17、18
事件 Task（CPU 模組版本 V 1.03 以上及 Sysmac Studio Ver.1.04 以後）	條件成立時，只會在主要固定週期 Task 的空餘時間執行 1 次。 執行條件的種類： ・依命令執行 ・變數的條件式一致	0 ~ 32 個	8（固定）、48（固定）

■ Task 規格

項目	規格
每個 Task 的程式數量	最多 128 個
主要固定週期 Task 之 Task 週期	$500\mu s^{*1}$、1ms、2ms、4ms
固定週期 Task 之 Task 週期	設定固定週期 Task 的 Task 週期時，需為主要固定週期 Task 之整數倍數。以下選項皆可設定。

主要固定週期 Task 之 Task 週期	固定週期 Task 可設定之 Task 週期
$500\mu s$ *1	1ms、2ms、3ms、4ms、5ms、8ms、10ms、15ms、20ms、25ms、30ms、40ms、50ms、60ms、75ms、100ms
1ms	1ms、2ms、3ms、4ms、5ms、8ms、10ms、15ms、20ms、25ms、30ms、40ms、50ms、60ms、75ms、100ms
2ms	2ms、4ms、8ms、10ms、20ms、30ms、40ms、50ms、60ms、100ms
4ms	4ms、8ms、20ms、40ms、60ms、100ms

*1. NJ301 CPU 模組版本 Ver. 1.02 之前為 1ms、2ms、4ms。

■主要固定週期 Task

此為 Task 執行優先順序中最高的一種 Task。是 NJ 系統經常執行的一種 Task。

可依照指定週期，執行 I/O 更新、系統共通處理、使用者程式、運動控制等。

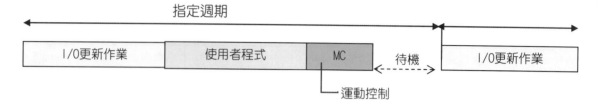

■固定週期 Task

此 Task 係依照主要 Task 的整數倍週期，執行使用者程式。若希望在不同於主要固定週期任務的週期條件下執行控制時，請使用固定週期任務。

範例：將任務分割為需要作同步控制、高速回應必要的控制時採主要固定週期任務，及可用來控制整個裝置的固定週期任務。

- 整個 Task 最多可配置 0 ~ 3 個固定週期 Task。
- 可為每個 Task 設定優先順序。(優先順序 16、17、18)
- 只有執行優先順序第 16 號的 Task 會執行 I/O 更新。

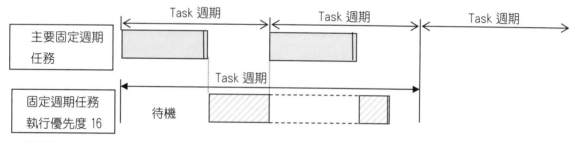

■事件 Task

事件 Task 就是只會在您所指定的執行條件成立時執行 1 次的 Task。

執行優先順序可選擇 8 或 48，將兩者的執行優先順序相加，最多可建立 32 個事件 Task。

事件 Task 只會執行程式。

事件 Task 的執行條件有 2 種，一種是透過 ActEventTask 指令來執行，另一種則是變數的條件式必須一致，執行時必須利用 Sysmac Studio 的 Task 設定功能進行設定。

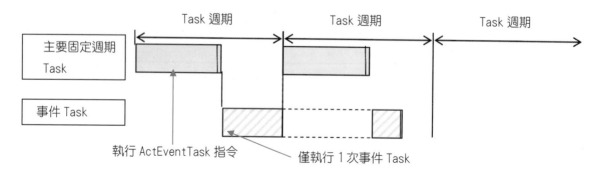

2-4-4 結構化及 Task 設計

NJ 採用以下步驟，協助您有效率開發軟體。

此外，本說明書所示僅為其中一個範例，實際使用時將依開發規模/裝置特性及公司制度等各種要因而有所改變，敬請事前多多瞭解並掌握狀況。

■ 結構化設計

除了規模極小的裝置外，目前裝置開發的趨勢在於程式的步數增加了，如欲提升軟體生產力及品質，建議您最好導入軟體學的思維，並且採用結構化的方式來編寫程式。

NJ 配備完全的變數環境，輕鬆即可建構出結構化程式。

〈結構化設計範例〉

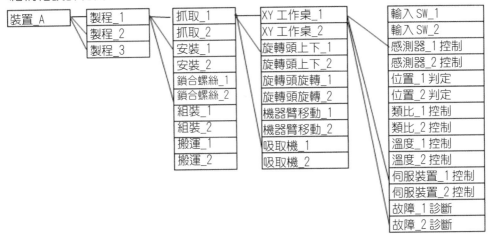

■ Task 設計

NJ Task 的執行優先順序明確下，會依照既定的執行週期執行動作，使用時完全不需要擔心控制延遲或偏差等問題。

而且，NJ 採用多工 Task，與程式完全各自獨立，因此設計 Task 將更簡便。

只有主要固定週期 Task 也能進行編寫程式。

不過，如果要執行大規模且超高速控制系統的 Task 設計，就必須根據優先順序，將不同功能的程式分層，然後再進行 Task 配置。

〈工作設計範例〉

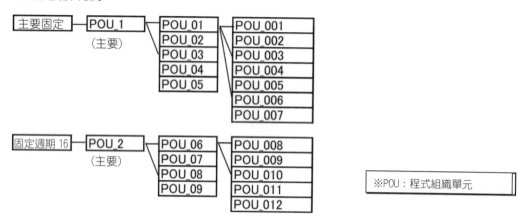

在此一階段，NJ 完全不受硬體（I/O 配置）所限制，因此即使沒有配線圖，也能執行作業。也就是說，工期能否縮短完全取決於程式開始前之前置作業。（一般來說，工期之所以延遲的大部分原因在於軟體的完成時間。）

唯有與硬體完全各自獨立的 NJ，才能協助您解決問題。（由於 CS/CJ 會受到區域變數使用的內部輔助繼電器等硬體所影響，因此無法與硬體完全各自獨立。）

■ I/O 配置

最後，與 I/O 建立相關性後即完成作業。

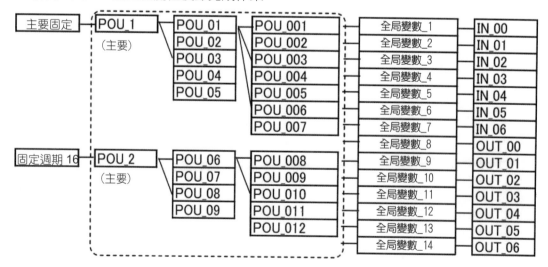

26

2-4-5 Task 間的介面（參考）

對於多工 Task 的系統來說，Task 之中所進行的數據交換作業是極為重要的一環。
本節將針對 NJ 系列所配備的 Task 中介面等架構加以介紹。

當工作與工作之間要存取同一個變數時，為了保證工作中全局變數值的同步性，依用途不同，可採用以下兩種方法。
統稱為「工作中變數的設定排除控制功能」。

   方法 1：　從某個 Task 將數據寫入全局變數中，再由其他多個工作讀取該數據時
　　　　　　使用「為工作中的變數設定排除控制」。
   方法 2：　從多個工作將數據寫入全局變數時
　　　　　　使用「工作中排除控制指令」。

■　為工作中變數的設定排除控制
　　此功能係從某個全局變數的角度，針對可寫入本身數值的 Task 以及只能讀取數值的
　　Task 進行設定。

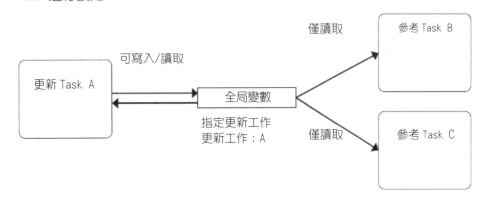

●　Sysmac Studio 設定畫面

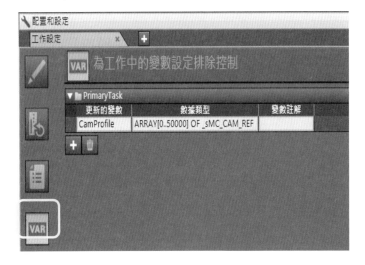

27

■ 工作中排除控制指令

倘多個 Task 欲針對相同的全局變數進行寫入處理，這時候就必須使用工作間排他控制指令(Lock/Unlock 指令)。工作間排他控制指令(Lock/Unlock 指令)係執行在 Lock 指令~Unlock 指令等程式區間工作排除所使用指令。

範例)在 Task A 執行區間 1 時，即使您選擇讓優先順序較高的 Task B 在同一個區間 1 執行，不過所有的區間 1 並不會同時執行，工作 B 的區間 1 將會進入待機狀態，工作 A 的區間 1 將會優先被執行。

當工作 A 的區間 1 完成執行作業後，就會依下圖所示般，由工作 B 執行區間 1 的作業。

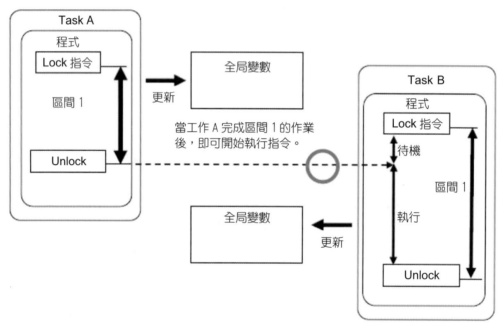

(使用時注意事項)

● Lock 區間的長度不得小於規定值。但 Lock 區間過長，就有可能超過工作的執行週期。
● Lock 指令與 Unlock 指令必須位於相同的 POU 內的同一個 Section，而且必須成對。

2－5 功能(FUN)

2-5-1 功能(FUN)特徵

- 不需要實例名稱。指令輸入簡單。
- 不佔用記憶體,不受數量限制。
- 適合像是單純運算等不需要記憶狀態的指令。

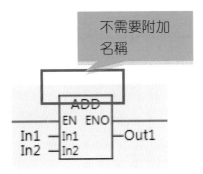

2-5-2 功能(FUN)概述

FUN 是由全局變數表與演算法(階梯圖語言、ST 語言)所構成的。
可指定 FUN 名稱或指令名稱。(不需要實例(Instance)。)

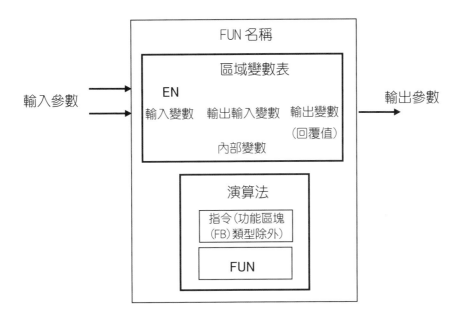

2-5-3 功能(FUN)使用示意圖

(1)運用示意圖(階梯圖)

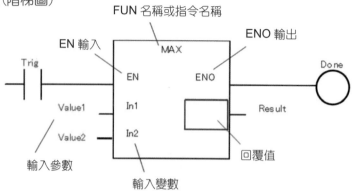

(2)運用示意圖(ST)

    Result := MAX(In1:=Value1, In2:=Value2);

    (*省略輸入變數時*)

    Result := MAX(Value1, Value2);

    (*亦可指定為EN/ENO*)

    Result := MAX(EN:=Trig, In1:=Value1, In2:=Value2,

    ENO=>Done);

2-5-4　功能(FUN)規格

變數	數量	規格(摘錄)
輸入變數	0～64	・FUN 的輸入引數即 FUN 內部所使用(無法變更數值)的變數。 ・和功能區塊(FB)不同,無法指定上微分/下微分。 ・無法由 FUN 外部參照數值。
輸出變數	0～64	・FUN 所產生的輸出引數即 FUN 內部所使用的變數。 ・輸出參數連接可省略。省略時,輸出變數的數值即無法再代入任何參數。 ・無法由 FUN 外部參照數值。
輸出/輸入變數	0～64	・傳送到 FUN 的輸出值及輸入值即 FUN 內部所使用(可變更數值)的變數。 ・一旦變更 FUN 裡的數值,此時輸出/輸入參數的數值也會跟著改變。 ・輸出/輸入參數無法省略。 ・無法由 FUN 外部參照數值。
內部變數	無限制	・可用來當作 FB 裡的暫時儲存變數。 ・執行完成後,系統將不會保存數值。 ・無法由 FUN 外部參照數值。 ・保持屬性無法被設定為「是」。
外部變數	無限制	・此種變數可用來參照全局變數。
EN	1	・可用來啟動 FUN 的 BOOL 型(Bool)輸入變數。 ・當 EN 的數值為 TRUE,就會執行 FUN。 　至少必須存在 1 個數值。
ENO	0 或 1	・此為 BOOL 型(Bool)輸出變數,正常結束時為 TRUE,異常結束或是未啟動時為 FALSE。(可省略) ・當 ENO 為 FALSE 時,則不輸出數值。
回覆值	1	・由 FUN 結束演算作業,並將回覆值當作處理結果送回呼叫端。 ・可指定所有基本數據類型、枚舉類型。無法指定陣列、結構體的集合體、聯合體的集合體等。

2-6 功能區塊(FB)

2-6-1 功能區塊(FB)特徵

- 需要實例名稱。使用時需要附加實例名稱。
- 需佔用記憶體,因此受到實例數量與記憶體限制。
- 像是計時器指令等需要記憶內部狀態的指令就需要功能區塊。

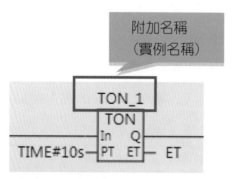

2-6-2 功能區塊(FB)概述

- 功能區塊(FB)是由區域變數表與演算法(階梯圖語言、ST 語言)所構成的。
- 功能區塊(FB)可產生實例(Instance)並加以使用。

以實例來說,必須在配置程式時設定 FB 定義。

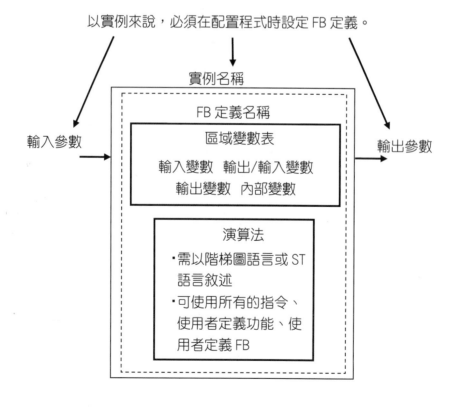

2-6-3 功能區塊(FB)使用示意圖

(1)運用示意圖(階梯圖)

實例名稱
TON_instance

(2)運用示意圖(ST)

將TRIG代入In（輸入）

TON_instance(In:=Trig**, **PT:=SetValue**, **Q=>TimeUp**, **ET =>ElapTime**);**

(*省略輸入變數、輸出變數時*)

TON_instance(Trig, SetValue, TimeUp, ElapTime**);**

2-6-4 功能區塊(FB)規格

變數	數量	規格(摘錄)
輸入變數	1～64	• FB 的輸入引數即 FB 內部所使用(無法變更數值)的變數。 • 至少需要 1 個 BOOL 型(BOOL)輸入變數。 • 可用來指定上微分/下微分。
輸出變數	1～64	• FB 所產生的輸出引數即 FB 內部所使用的變數。 • 至少需要 1 個包含 ENO 的 BOOL 型(BOOL)輸出變數。 • 輸出參數連接可省略。省略時,輸出變數的數值即無法再代入任何參數。
輸出/輸入變數	0～64	• 傳送到 FB 的輸出值及輸入值即 FB 內部所使用(可變更數值)的變數。 • 輸出/輸入參數無法以常數來敘述。僅能以變數來敘述。 • 一旦變更 FB 裡的數值,此時輸出/輸入參數的數值也會跟著改變。 • 輸出/輸入參數無法省略。
內部變數	無限制	• 可用來當作 FB 裡的暫時儲存變數。 • 無論在未執行狀態下或是執行後,皆能保存原來的數值。 • 可具備數據保持屬性。 • 無法由 FB 外部參照數值。
外部變數	無限制	• 此種變數可用來參照全局變數。
EN	0	• 不適用於 FB。(此種變數隨時保持執行狀態,因此如需根據輸入條件來控制執行動作,請使用輸入變數來定義執行條件。)
ENO	0 或 1	• 此為 BOOL 型(Bool)輸出變數,正常結束時為 TRUE,異常結束或是未啟動時為 FALSE。(可省略) • 當 ENO 為 FALSE 時,則不輸出數值。

■ 適用於 FB 之數據類型

數據類型	規格
陣列	輸入變數、輸出變數、輸入/輸出變數、內部變數、外部變數等最多可使用三維陣列。要素數最多為 65535。
結構體	可使用輸入變數、輸出變數、輸入/輸出變數、內部變數及外部變數
枚舉類型	可使用輸入變數、輸出變數、輸入/輸出變數、內部變數及外部變數
聯合(Union)	可使用內部變數及外部變數

2-7 變數

2-7-1 何謂「變數」

所謂「變數」就是用來擺放外部處理的輸出輸入資料，以及 POU 內部處理暫存資料的空間。換句話說，也就是一種具有名稱及數據類型等屬性的資料空間。

CJ 系列雖然也能夠執行變數程式，不過，NJ 系列則能以更簡單的方式來執行真正的變數程式。

- NJ 備有豐富的資料型態等屬性
- 指令語言與硬體環境也支援變數

CJ 可在變數中寫入位址，而 NJ 只能利用變數來編寫程式。

2-7-2 全局(Global)變數

■全局變數的作用範圍(可存取之有效範圍)

可由所有的 POU（程式、FB、FUN）存取全局變數。不過，為了避免因為存取不慎造成問題，如果要從 POU 來存取時，請先將其定義為[外部變數]後，再開始存取。

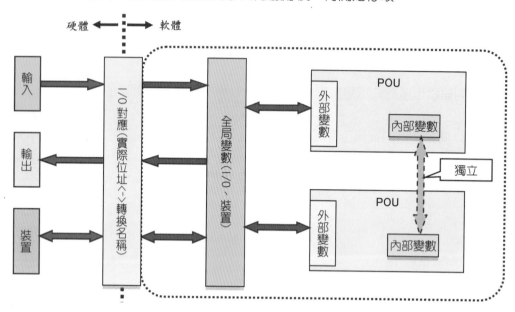

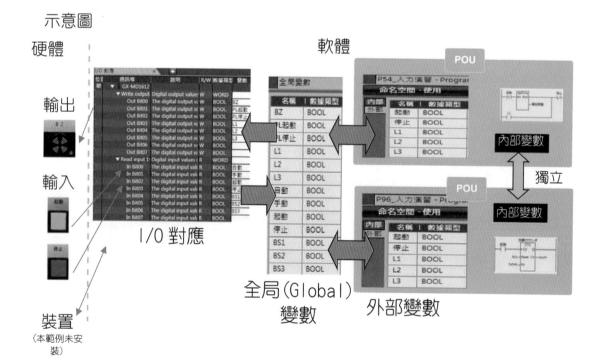

示意圖

由子局/模組配置所自動產生的裝置變數(如後述)以及由全軸設定表所自動產生的
「軸/軸群組變數」(非本次課程內容)將自動被登錄為全局變數

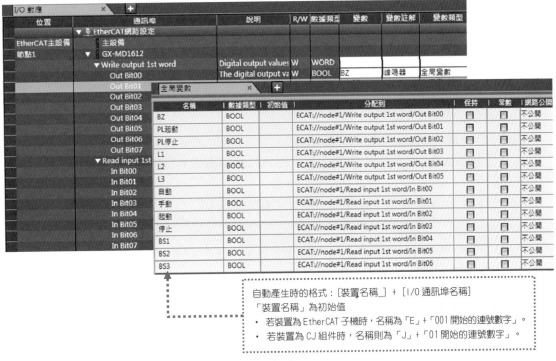

自動產生時的格式:[裝置名稱_] + [I/O 通訊埠名稱]
「裝置名稱」為初始值
- 若裝置為 EtherCAT 子機時,名稱為「E」+「001 開始的連號數字」。
- 若裝置為 CJ 組件時,名稱則為「J」+「01 開始的連號數字」。

登錄為全局變數後,即可由任何一個 POU 進行參照。

範例)利用 POU 來使用全局變數的方法
由 POU 來存取全局變數時,必須透過外部變數來執行。
請由各 POU(程式、FB、FUN)的全局變數表選擇[外部],接著再將全局變數登錄為外部變數。

登錄 POU(程式)外部變數示意圖

名稱	數據類型	常數	註解
起動	BOOL	☐	
停止	BOOL	☐	
L1	BOOL	☐	
L2	BOOL	☐	
L3	BOOL	☐	

2-7-3 區域(Local)變數

定義(宣告)每個 POU 的區域變數表。

使用功能、功能區塊時，還需要[輸入變數]、[輸出變數]、[輸出輸入變數]及[回覆值(僅限於功能)]等。

■ 區域變數的作用範圍

· 僅限 POU 內部使用之變數。

· POU 外部無法參照區域變數的數值。

· 即使利用名稱相同的內部變數在不同的 POU 進行宣告，每個變數仍會被配置到不同的位置。

註）網路變數[※]僅能登錄為全局變數，無法定義為區域變數。

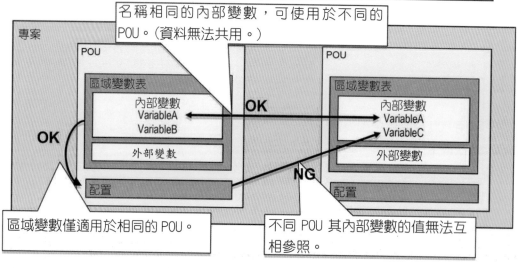

> ※何謂「網路變數」
> 是一種透過 CIP 訊息通訊或 Tag 資料連結功能不同，即可從外部(其他控制器或上位電腦等)讀取其他數據的一種變數

名稱相同的內部變數，可使用於不同的 POU。(資料無法共用。)

區域變數僅適用於相同的 POU。

不同 POU 其內部變數的值無法互相參照。

POU（程式）內部變數之登錄範例

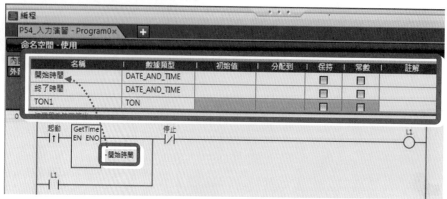

※區域變數的內部變數及外部變數禁止使用相同的變數名稱。

FB 實例的輸出變數，可由程式進行存取。

- 優點

  不需要特別設置輸出參數。

- 限制條件

  無法寫入。僅能讀取。

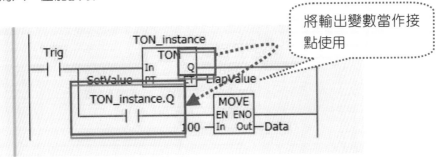

將輸出變數當作接點使用

2-7-4 變數屬性

屬性	說明	指定	初始設定
變數名稱	此名稱係用來識別變數。		
數據類型	針對變數所儲存的數據定義其類型。		INT
指定 AT (配置目的地)	CJ 模組的特定位址將會被當作變數，系統會為該變數指定配置位置。	不指定 指定	不指定
保持	一旦發生以下狀況，此變數可用來指定是否保留數值。 斷電後再次導入電源 切換為運轉模式 處於完全停止且出現故障狀態之控制器一旦發生異常	保持：出現左列狀況時，即保留數值 (僅限於裝有電池狀態下) 不保持：維持初始值	不保持：維持初始值
初始值	初始值可設定為「無」或「有」。 若初始值設定為「有」：不需要指定為保留數值，即可在以下任一種情況下指定變數值。 導入電源時 變更動作模式時 處於完全停止且出現故障狀態之控制器一旦發生異常 若初始值設定為「無」：則不保留數值。	初始值設定 有 無	依數據類型而異。(詳細內容請參閱 📖「初始值」該節之說明。)
常數	此種變數可在下載變數時設定初始值，但下載完成後即不可再寫入數值。	設定/不設定常數	
網路公開	利用 CIP 通訊及數據連結功能，即可由控制器外部來讀寫變數。	不公開 公開 輸入 輸出	不公開
邊緣	可用來檢測 FB 輸入參數之上微分/下微分。 僅可用布林 (BOOL) 類型的輸入變數。	無 上微分 下微分	無

2－8 數據類型

■ NJ 可處理之資料類形如下：

2-8-1 基本數據類型

分類	數據類型		數據類型態名稱
基本數據類型	布林類型		BOOL
	位元列類型		BYTE, WORD, DWORD, LWORD
	整數類型	有正負號 (Signed)	SINT, INT, DINT, LINT
		無正負號 (Unsigned)	USINT, UINT, UDINT, ULINT
	實數類型		REAL, LREAL
	持續時間類型		TIME
	日期類型		DATE
	時刻類型		TIME_OF_DAY
	日期時刻類型		DATE_AND_TIME
	字串類型		STRING[256] 請先選擇「STRING [256]」作為數據類型後，再編輯代表字串大小(包含 NULL)的「[　　]」內數值。
	數據類型的屬性	指定陣列類型	「Array [?…?] OF ?」 請先選擇「Array [?…?] OF ?」作為數據類型後，接著再編輯下面的「?」部分。 例) 0 ~ 9共 10 個 INT 類型要素之陣列變數 —— 陣列變數的資料形態 —— 陣列要素之結束編號 —— 陣列要素之開始編號 指定多維陣列的方法： 顯示第一維陣列要素的開始編號。 顯示第二維陣列要素的開始編號。 顯示第三維陣列要素的開始編號。
		指定範圍類型	整數類型(INT、SINT、DINT、LINT、UINT、USINT、UDINT、ULINT)的變數將清楚標示範圍內所採用的數值。 代表數值 10 ~ 100。 —— 終點 —— 起點
衍生數據類型	結構體類型		在數據類型編輯器的結構體類型群組中由使用者針對結構體類型定義數據類型名稱，或是由系統針對結構體類型所定義的數據類型名稱。
	聯合體類型		在數據類型編輯器的聯合體類型群組中由使用者針對聯合體類型(Union type)定義數據類型名稱，或是由系統針對聯合體類型所定義的數據類型名稱。
	列舉類型		在數據類型編輯器的列舉類型群組中由使用者針對列舉類型定義數據類型名稱，或是由系統針對列舉類型所定義的數據類型名稱。
POU 實例類型			由系統或是使用者所定義的 FB 名稱

■ 基本數據類型之規格

分類	數據類型	資料大小（容量值）	對齊方式（邊界值）	數值範圍	敘述方法
布林類型 （2進制）	BOOL	16 位元	2 byte	FALSE, TRUE	BOOL#0, BOOL#1 FALSE, TRUE
位元列類型 （2進制 16進制）	BYTE	8 位元	1 byte	BYTE#16#00~FF	BYTE#2#01011010
	WORD	16 位元	2 byte	WORD#16#0000~FFFF	BYTE#2#0101_1010
	DWORD	32 位元	4 byte	DWORD#16#00000000~FFFFFFFF	BYTE#16#5A （亦可使用分隔字元「_」。）
	LWORD	64 位元	8 byte	LWORD#16#0000000000000000~FFFFFFFFFFFFFFFF	
整數類型 （有正負號） （無正負號）	SINT	8 位元	1 byte	SINT#-128~+127	100
	INT	16 位元	2 byte	INT#-32768~+32767	INT#2#00000000_01100100
	DINT	32 位元	4 byte	DINT#-2147483648~+2147483647	INT#8#144 INT#10#100
	LINT	64 位元	8 byte	LINT#-9223372036854775808~+9223372036854775807	INT#16#64
	USINT	8 位元	1 byte	USINT#0~+255	-100
	UINT	16 位元	2 byte	UINT#0~65535	
	UDINT	32 位元	4 byte	UDINT#0~+4294967295	
	ULINT	64 位元	8 byte	ULINT#0~+18446744073709551615	
實數類型 （有小數點）	REAL	32 位元	4 byte	REAL#-3.402823e+38~-1.175494e-38 0 -1.175494e-38~3.402823e+38 +∞/-∞	REAL#3.14 LREAL#3.14 3.14 -3.14 1.0E+6 1.234e4
	LREAL	64 位元	8 byte	LREAL#-1.79769313486231e+308~-2.22507385850720e-308 0 2.22507385850720e-308~1.79769313486231e+308 +∞/-∞	
持續時間類型	TIME	64 位元	8 byte	T#-9223372036854.775808ms（T#-106751d_23h_47m_16s_854.775808ms）~T#+9223372036854.775807ms（T#+106751d_23h_47m_16s_854.775807ms）	T#12d3h3s T#3s56ms TIME#6d_10m TIME#16d_5h_3m_4s T#12d3.5h T#10.12s T#61m5s（T#1h1m5s 相同） TIME#25h_3m
日期類型	DATE	64 位元	8 byte	D#1970-01-01~D#2106-02-06（1970年1月1日~2106年2月6日）	起始位置需加上「DATE#」、「date#」、「D#」或「d#」，並以「年-月-日」的方式來敘述。 （範例） d#1994-09-23
時刻類型	TIME_OF_DAY	64 位元	8 byte	TOD#00:00:00.000000000~TOD#23:59:59.999999999（0點0分0.000000000秒~23點59分59.999999999秒）	起始位置需加上「TIME_OF_DAY#」、「time_of_day#」、「TOD#」或「tod#」，並以「小時：分鐘：秒」的方式來敘述。 （範例） tod#12:16:28.12

數值

數據類型#10#123456
　｜　　　└（值）
　└（進制）
※省略為 10 進制

以除法計算不良率等之結果

以累加計算加工時間等

用來指定保存期限等

用來表示顯示器時刻等

- BYTE 類型（1 byte）

  以「位元 0」為位數之起始位置。

  位元值以 1 或 0 來表示，若以 1 位元的數值來表示 BOOL 型變數，則 1 為 TRUE，0 為 FALSE。

  敘述範例

  BYTE#2#1111_1111

  BYTE#2#11111111

  例：WORD 與 BYTE 的比較

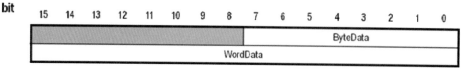

- SINT/USINT 類型（1 byte）

  SINT：Short Integer、UINT：Unsigned Short Integer

  以「位元 0」為位數之起始位置。

  敘述範例

  SINT#10

  10

  例：INT 與 SINT 的比較

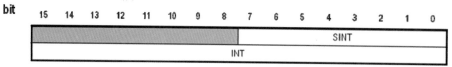

- TIME 類型（8 byte）

  數值範圍：T#-9223372036854.775808ms～T#+9223372036854.775807ms

  數值表示法：敘述時需以 d（日期）、h（小時）、m（分鐘）、s（秒）、ms（微秒）的方式來分隔

  最小單位：0.000001ms

  用途範例

  計時器指令的設定時間及經過時間採用 TIME 類型

  在規定的持續時間內執行控制

  倘超過規定的持續時間，仍無訊號輸入，錯誤條件就算成立

  敘述範例

  TIME#6d_10M（6 天及 10 分鐘）

  T#12d3.5h

  T#61m（與 T#1h1m 意思相同）

- DATE 類型（8 byte）

  日期類型

  數值範圍：D#1970-01-01 ～ D#2106-02-06（1970 年 1 月 1 日～ 2106 年 2 月 6 日）

  數值表示法：依「年-月-日」分別敘述

  敘述範例　　D#2011-11-20

- TIME_OF_DAY 類型（8 byte）

  時刻類型

  數值範圍：TOD#00:00:00. 000000000 ～TOD#23:59:59. 999999999

  （0 點 0 分 0.000000000 秒～ 23 點 59 分 59.999999999 秒）

  數值表示法：依「小時：分鐘：秒」分別敘述

  敘述範例　Tod#12:14:59

- DATE_AND_TIME 類型（8 byte）

  日期時刻類型

  數值範圍：T#-9223372036854. 775808ms～T#+9223372036854. 775807ms

  （1970 年 1 月 1 日 0 時 0 分 0.000000000 秒～2554 年 7 月 21 日 23 時 34 分 33. 709551615 秒）

  數值表示法：依「年-月-日-小時：分鐘：秒」分別敘述

  敘述範例　DT#2011-11-29-12:14:59

  用途範例

  記錄事件及警報發生之日期及時間

  控制裝置在特定的日期及時間，發生某個事件

2-8-2　使用範例(基本數據類型)

- **讀取現在時刻**

  使用 GetTime 指令來讀取現在時刻。以 DATE_AND_TIME (日期時間)類型來表示現在時刻。

  當輸入 get_time 為 TRUE 時，系統即更新現在時刻。

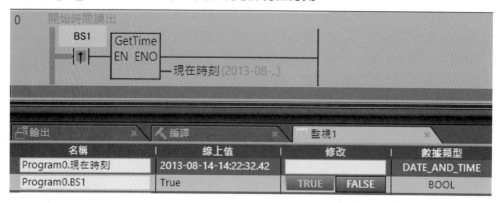

- **計算運轉時間**

  使用 SUB_DT_DT 指令，將日期時間互減，並以 Time 類型來表示結果。

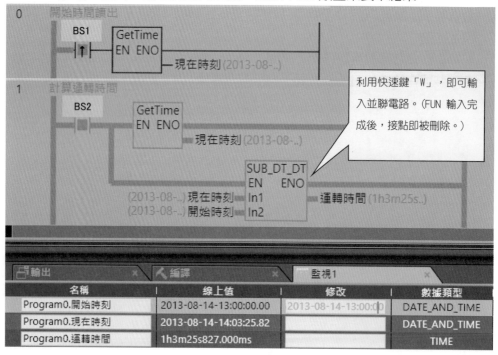

- 運轉時間轉換為秒單位（參考）

  使用 TimeToSec 指令，即可將單位由小時（TIME 類型）轉換為秒（LINT 類型）。

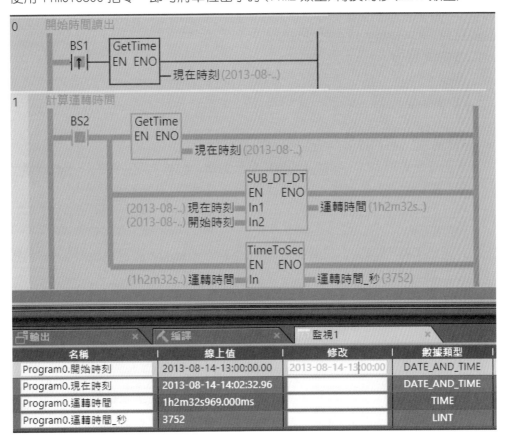

2-8-3　衍生數據類型

所謂「衍生數據類型」指的就是根據基本數據類型所定義出來的一種數據類型架構。
IEC 61131-3 所定義的衍生數據類型如下：

1. 結構體類型
2. 聯合體類型
3. 枚舉類型

■　結構體(第 4 章將提供詳細說明與實習練習)

結構體就是將相同或不同數據類型的多個數據，歸納為同一個的衍生數據類型。
只要將數據變更為結構體，就能輕鬆執行數據登錄/變更等管理動作。

●　使用範例

定義結構體『Box』，成員中將『Width』、『Height』、『Depth』等3項數據群組
化並加以定義。

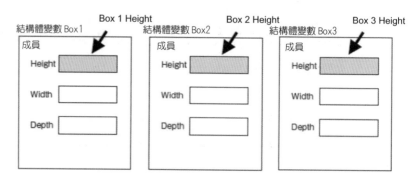

●　結構規格

項目	規格			
結構體名稱	不需要區分英文頭字母大/小寫。 禁用字元、字元數限制等規定與變數名稱相同。			
成員的數據類型		分類	數據類型	適用
		基本數據類型	BOOL 型、位元列類型、整數類型、實數類型、持續時間類型、日期類型、時刻類型、日期時刻類型、字串類型	可
			指定 BOOL 型、位元列類型、整數類型、實數類型、持續時間類型、日期類型、時刻類型、日期時刻類型、字串類型之陣列	可
		衍生數據類型	結構體類型(*)、聯合體類型、枚舉類型 *　禁止遞迴或循環(程式檢查時將出現錯誤)。	可
			指定結構體、聯合體、枚舉類型之陣列	可
		POU 實數類型		不可
成員屬性	成員名稱 註解			
成員數	1 ~ 2048			
結構體的階層深度	最多 8 個階層 (成員名稱中包含且變數名稱需小於 511 個位元)			
1 個結構變數的上限	無限制			

■ 聯合體

所謂「聯合體」就是多個不同的數據類型可針對相同的數據進行存取的衍生數據類型。
如需將 WORD 類型的數據分割為左方位元組及右方位元組後，再當作位元組數據處理，
或是要將 WORD 類型的數據視為位元數據來處理，最方便的作法就是使用聯合體。

● 使用範例

請依照下表所示，將 OUT16_ACCESS 的數據類型定義為聯合體。

變數 Output 可將 BOOL 型的數值讀寫在 16 位元中的任意 1 個位元上，也可讀寫 WORD
類型的數值。

數據類型定義

名稱	成員	數據類型
OUT16ACCESS	BoolData	ARRAY[0..15] of BOOL
	ByteData	ARRAY[0..1] of BYTE
	WordData	WORD

變數名稱	數據類型
Output	OUT16ACCESS

● 聯合體規格

項目	規格		
成員可指定之數據類型	分類	數據類型	適用
	基本數據類型	Bool 型、位元類型	可
		指定 BOOL 型、位元類型之陣列	可
	衍生數據類型	指定結構體、聯合體、枚舉類型之陣列	不可
	POU 實例類型		不可
成員數	最大 4		
初始值設定	禁止，且必須為 0。		

■ 枚舉類型

所謂「枚舉類型」就是變數值以稱作「枚舉子」之文字來表示之衍生數據類型。

該變數所能預先取得的數值，將會被設定為「枚舉子」（文字）。

使用「枚舉類型」，可幫助研發人員更容易瞭解變數值之意義。

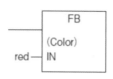

枚舉類型表	
數據類型	
Color	ENUM
枚舉子	值
red	0
yellow	1
green	2

變數表

變數名稱	數據類型
DiscColor	Color

● 枚舉類型規格

項目	規格
枚舉子名稱	僅限於半形英文及數字，英文頭字母不需區分大小寫。禁用字元則與變數名稱相同。若指定好幾個相同的枚舉子，就會出現編譯錯誤。 另外，若您所指定的枚舉子與用戶程式中的變數相同，或是所指定的枚舉類型名稱與其他枚舉子相同，同樣會出現編譯錯誤。
值	有效範圍為 -2147483648 ~ +2147483647 的整數值。 不一定是連續值。 若指定好幾個相同的值，就會出現編譯錯誤。 註：枚舉類型的變數大小是無法比較的，僅能針對其一致性作比較。
枚舉子之數量	1 ~ 2048 個

2-8-4 指定數據類型的陣列

各數據類型的變數可指定陣列。

■ 何謂「指定陣列」

「指定陣列」就是將屬性相同的數據歸納後，將其指定為同一群數據類型。並可針對基本數據類型、衍生數據類型進行指定。

就像執行運動控制時的座標值一樣，是處理概念相同的數據時多次使用非常方便的一種做法。

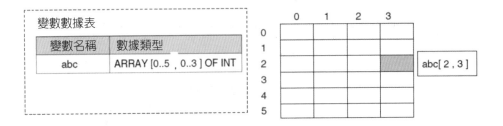

● 陣列規格

項目	規格
指定陣列時的變數最大要素值	65535
要素編號	0 ~ 65534 要素開始編號除了 0 以外的數字皆可。
索引(Index)	常數：0 ~ 65534 的整數值 變數：

分類		數據類型	適用
基本數據類型	整數類型	SINT、INT、DINT、USINT、UINT、UDINT	可
		LINT、ULINT	不可
	BOOL 型、位元列類型、實數類型、持續時間類型、日期類型、時刻類型、日期時刻類型、字串類型		不可
衍生數據類型	指定結構體、聯合體、枚舉類型之陣列		不可
POU 實例類型			不可

運算公式：只有 ST 語言能指定運算公式　例）y := x[a+b]

2-9 機台說明

機台概述

● 大合照

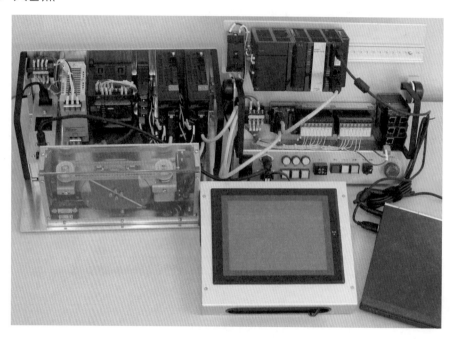

● 主要使用元件

	產品名稱	型式
1	NJ 專用電源	NX-PA3001
2	機械自動化控制器	NJ501-1500
3	I/O 子局(8 點 IN (PNP)、8 點 OUT)	GX-MD1612
4	G5 驅動器　100 V　100 W	R88D-KN01L-ECT
5	G5 馬達　100 V　100 W　INC	R88M-K10030L-S2
6	G5 馬達　100 V　100 W　ABS	R88M-K10030S-S2
7	EtherCAT Switch　3 個連接埠	GX-JC03
8	安全控制器	G9SP-N10S
9	人機	NS8-TV01B-V2
10	Ethernet Switch　5 個連接埠	W4S1-05B

●控制器部分

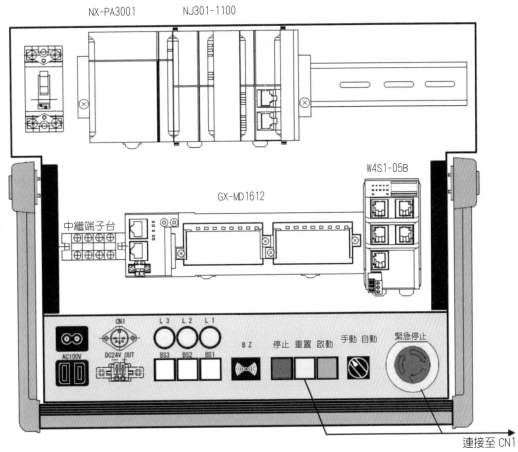

I/O 對應

位置	埠	說明	R/W	數據類型	變數	變數註解	變數類型
Node1	GX-MD1612						
	Out Bit00	輸出接點 00	W	BOOL	BZ		全局(Global)變數
	Out Bit01	輸出接點 01	W	BOOL	PL 啟動		全局(Global)變數
	Out Bit02	輸出接點 02	W	BOOL	PL 停止		全局(Global)變數
	Out Bit03	輸出接點 03	W	BOOL	L1		全局(Global)變數
	Out Bit04	輸出接點 04	W	BOOL	L2		全局(Global)變數
	Out Bit05	輸出接點 05	W	BOOL	L3		全局(Global)變數
	In Bit00	輸入接點 00	R	BOOL	自動		全局(Global)變數
	In Bit01	輸入接點 01	R	BOOL	手動		全局(Global)變數
	In Bit02	輸入接點 02	R	BOOL	起動		全局(Global)變數
	In Bit03	輸入接點 03	R	BOOL	停止		全局(Global)變數
	In Bit04	輸入接點 04	R	BOOL	BS1		全局(Global)變數
	In Bit05	輸入接點 05	R	BOOL	BS2		全局(Global)變數
	In Bit06	輸入接點 06	R	BOOL	BS3		全局(Global)變數

● 應用裝置端

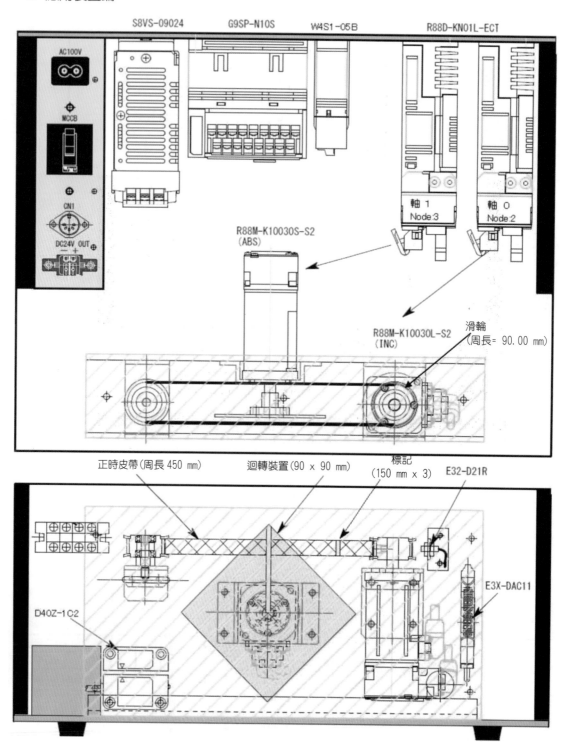

S8VS-09024   G9SP-N10S   W4S1-05B   R88D-KN01L-ECT

AC100V

MCCB

CN1

DC24V OUT

軸1
Node:3

軸0
Node:2

R88M-K10030S-S2
(ABS)

R88M-K10030L-S2
(INC)

滑輪
(周長＝ 90.00 mm)

正時皮帶(周長 450 mm)   迴轉裝置(90 × 90 mm)   標記
(150 mm × 3)   E32-D21R

E3X-DAC11

D4OZ-1C2

2−10 程式

2-10-1 程式配置

程式係由區域變數表與演算(Algorithm)法等部分所組成，您可在演算部分使用功能或功能區塊編寫。

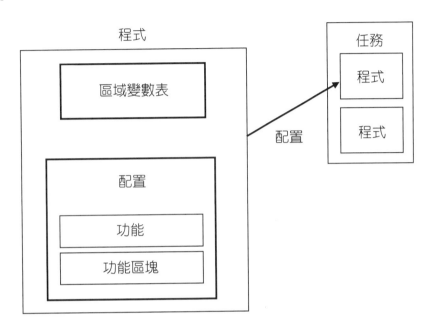

2-10-2 程式執行順序

您可針對被配置為 Task 的程式，設定其執行 Task 時的順序。
利用 Sysmac Studio 的[工作設定]−[程式分配設定]即可指定。
和 CJ 不同的是，本產品並非 1 個 Task ＝ 1 個程式。
每個任務最多可配置 128 個程式。

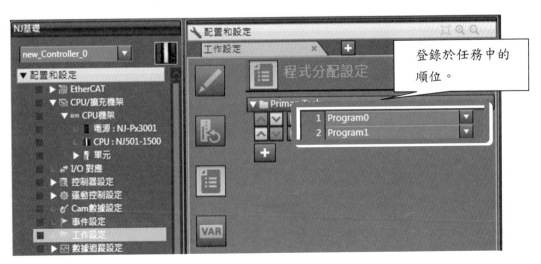

2－11 執行方式

2-11-1 I/O 更新作業

配置時可以模組為單位，或是以 EtherCAT 子局為單位。

分類	I/O 更新對象	配置單位	可配置的任務
CJ 系列模組	基本 I/O 模組	以模組為單位	主要固定週期任務 或固定週期任務(16)
	高功能 I/O 模組		
	CPU 高功能模組		
EtherCAT 子局	伺服驅動器、計數器	以子局為單位	主要固定週期任務
	泛用子局		主要固定週期任務 或固定週期任務(16)

設定畫面

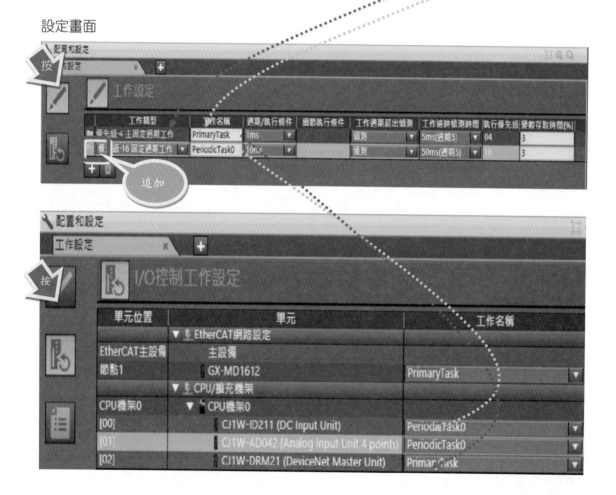

I/O 更新和 Task 週期之間的關係(參下頁)

54

2-11-2 EtherCAT 通訊週期與 I/O 更新之間的關係

■ 將子局配置到主要固定週期任務中

依照主要固定週期 Task 的 Task 週期來執行更新動作。

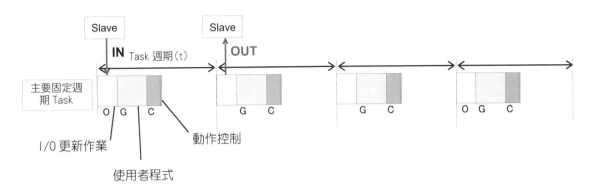

■ 將子局配置到固定週期任務時

事實上 EtherCAT 通訊處理是由主要固定週期任務負責執行。

設定 Sysmac Studio 的 Task 時，只要配置為固定週期 Task 時，從表面上來看，系統將依照固定週期任務所指定的週期執行更新動作。

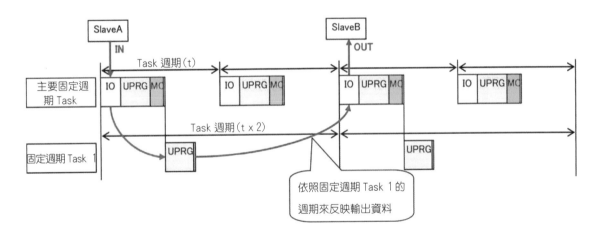

除上述動作外，另有其他重要的處理程序(參下頁)

2-11-3 系統服務

CPU 模組負責執行的處理作業和 Task 處理不同。

■ 系統服務的執行時間點

系統服務會在執行 Task 的空餘時間（所有 Task 執行完成的狀態下）執行處理作業。

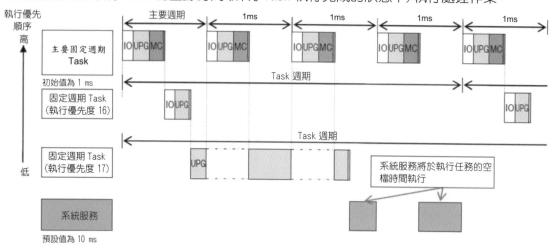

■系統服務的種類

系統服務的種類	內容
USB 連接埠服務	針對來自於週邊工具、顯示器及上述電腦等裝置的服務要求（CIP、FINS、HTTP）進行處理
內建 EtherNet/IP 連接埠服務	・針對來自於週邊工具、顯示器及其他 PLC 等裝置的服務要求（CIP、FINS、HTTP）進行處理 ・執行通訊指令（CIP、FINS、Socket）
內建 EtherCAT 連接埠服務	・執行 EtherCAT 訊息通訊（如讀取已連線的子局版本資訊等）
CJ 高功能模組服務	・執行與 CJ 高功能模組間的事件服務 ・執行通訊指令（CIP、FINS）
記憶卡服務	・存取 FTP ・利用支援軟體操控記憶卡 ・執行記憶卡指令
非同步指令服務	執行非同步指令
自我診斷服務	檢測硬體故障、韌體問題、用戶設定以及程式錯誤等

2-11-4　工作執行時間監測器顯示

上一頁曾經提到過「系統服務將於執行任務的空檔時間執行」，詳細的確認方法依步驟別
敘述如下：

① 進入多檢視瀏覽器，選擇[配置和設定]並雙擊[工作設定]。

② 在編輯視窗裡所顯示的編輯畫面中按下[工作執行時間監測器]。

③ 會顯示工作執行時間監測器。

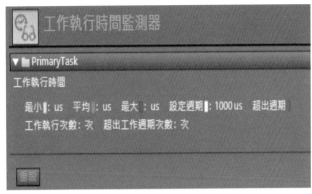

備忘頁

程式化

3-1　啟動 Sysmac Studio

3-1-1 啟動程序

從編程到除錯(Debug)的基本啟動程序如下。

NJ 系列系透過變數來進行編程,因此編寫程式時不需要特別在意位址。如此一來,硬體和軟體設計就能各自獨立,而且同步進行研發。

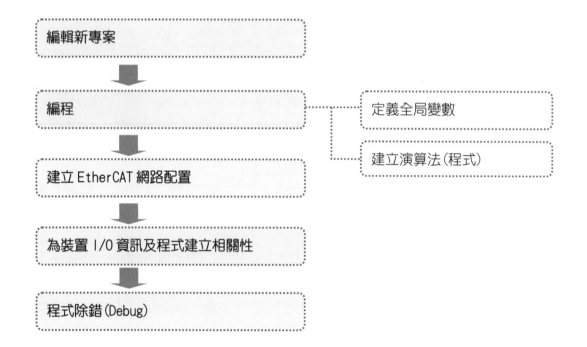

3-1-2 Sysmac Studio 啟動與結束

① 用滑鼠雙擊電腦桌面上的 Sysmac Studio 圖示。
(或是依序選擇[所有程式]－[OMRON]－
[Sysmac Studio]－[Sysmac Studio]。)

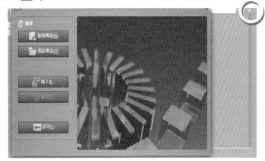

② 結束時,請點擊標題列右方的[x]。
※開啟專案後依序執行選單列上的[檔案]－[結束]。

3-1-3 開啟新增專案

① 點選[新增專案]鍵。

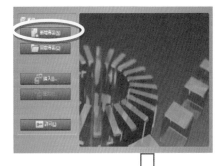

② 當畫面上出現[專案屬性]對話框後,請輸入
下列資訊。
   ・[專案名稱] (必填):
   ・[類型]標準專案
   ・[類別]控制器
   ・[裝置] NJ301-1100
   ・[版本] 1.06

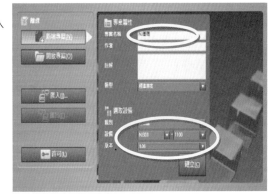

※ 若未輸入必填項目,系統就會自動
產生一個預設的專案檔。

③ 點選[建立]鍵。
系統就會新增一個專案檔。

3-1-4 儲存/關閉專案檔

① 依序選擇[檔案]－[儲存]。

② 依序選擇[檔案]－[關閉]。

3-1-5 開啟專案檔案

① 點選[開啟專案]。

② 將游標對準清單中您所要開啟的檔案，然後按
下[開啟]鍵。

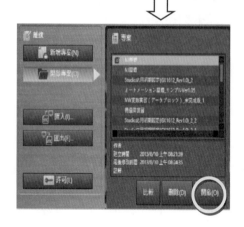

3-1-6 將專案檔案匯出

如欲透過其他電腦來使用檔案，或是要指定檔案的儲存位置，請先執行匯出。

方法 1)
進入專案視窗並選擇您所要匯出的專案
，接著點擊[匯出]鍵。

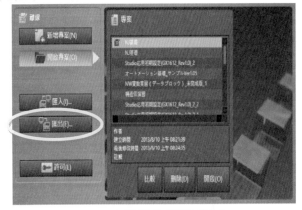

方法 2)
從應用程式視窗的[檔案]選單上，選擇[匯出]。

3-1-7 將專案檔案匯入

方法 1)
進入專案視窗，並點擊[匯入]鍵。

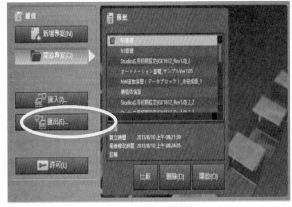

方法 2)
從應用程式視窗的[檔案]選單上，選擇[匯入]。

3-1-8 Sysmac Studio 視窗

（1）配置和設定畫面

工具列

控制器配置和設定

多檢視瀏覽器

工具箱

（2）程式設計畫面

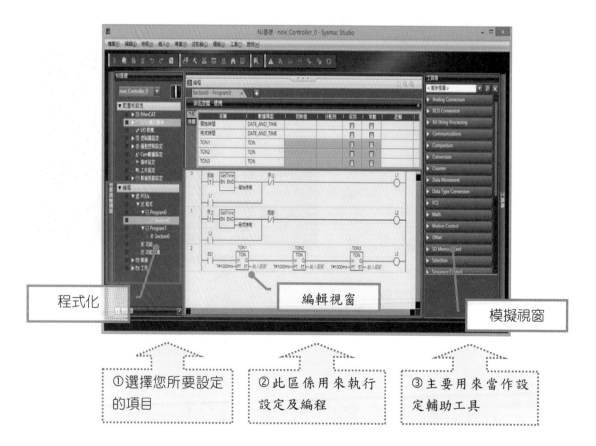

程式化

編輯視窗

模擬視窗

①選擇您所要設定的項目

②此區係用來執行設定及編程

③主要用來當作設定輔助工具

3－2 設定全局變數

實習　若您要從程式來存取開關或指示燈等輸入/輸出裝置，必須先定義全局變數。

進入多檢視瀏覽器，並依序選擇[編程]－[數據]後，雙擊[全局變數]

在全局變數表的空白處按一下滑鼠右鍵，並選擇新增

接著依下表所示，在名稱欄中輸入變數名稱。

名稱	數據類型	初始值	分配到	保持	常數	網路公開
BZ	BOOL		ECAT://no...	☐	☐	不公開
PL起動	BOOL		ECAT://no...	☐	☐	不公開
PL停止	BOOL		ECAT://no...	☐	☐	不公開
L1	BOOL		ECAT://no...	☐	☐	不公開
L2	BOOL		ECAT://no...	☐	☐	不公開
L3	BOOL		ECAT://no...	☐	☐	不公開
自動	BOOL		ECAT://no...	☐	☐	不公開
手動	BOOL		ECAT://no...	☐	☐	不公開
起動	BOOL		ECAT://no...	☐	☐	不公開
停止	BOOL		ECAT://no...	☐	☐	不公開
BS1	BOOL		ECAT://no...	☐	☐	不公開
BS2	BOOL		ECAT://no...	☐	☐	不公開
BS3	BOOL		ECAT://no...	☐	☐	不公開

登錄完成後，即可開始使用上述變數來進行編程。

不過，如果要讓輸出輸入裝置實際啟動，就必須將這些變數登錄在 I/O 對應上。

3-3 POU 設定

3-3-1 何謂「POU (Program Organization Unit)」

就是程式執行處理作業的組成單位。

依組成單位不同，可分為程式、功能、功能區塊等。

進入多檢視瀏覽器，接著由[編程]－[POUs]登錄程式、功能、功能區塊，並敘述執行演算法。

3-3-2 顯示 POU

① 進入多檢視瀏覽器，選擇[編程]後，雙擊[POUs]。

② POU 下方將會顯示「程式」、「功能」、「功能區塊」
   等項目。

③ 雙擊[編程]。畫面上就會出現[Program0]－[Section0]。

④ 雙擊[Section0]。
   (或是按下滑鼠右鍵，選擇[編輯]。)

⑤ 變數表及階梯圖編輯器將會顯示在程式圖層上。
   接下來，即可開始進行區域變數登錄及階梯圖編輯。

此時多檢視瀏覽器的 Secsion0 上出
現紅色的(!)標誌，這是因為階梯圖程
式剛新增文法發生錯誤所導致(無須理
會)。

<參考 1> 登錄新 POU 的方法

① 進入多檢視瀏覽器，選擇[編程]－
　 [POU]，並在[程式]上按下右鍵。

② 選擇[新增]－[階梯圖]。

③ [Program1]－[Section0]就會被新增到 [程式]項目下方。

<參考 2> 登錄新 Section 的方法

① 進入多檢視瀏覽器，選擇[編程]－[POU]－[程式]
　 ，並在[Program0]上按下右鍵。

② 選擇[新增]－[Section]。

③ [Section1]就會被新增到[Program0]項目下方。

3-4 階梯圖程式的基本指令及敘述方法

■階梯圖程式的基本規定

- 回路執行方向為由上而下。
- 同一條回路上的要素執行方向為由左而右。

- 回路右端不得輸入接點。

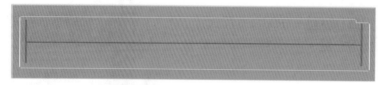

- 禁止設定空白回路。

- 線圈後方不得連接線圈以外元件。

線圈可串接！

- 線圈、功能、功能區塊、內嵌 ST 程式等不需要接點，也能進行輸入。此時，輸入邏輯將被視為 True。

3-5 程式輸入練習

3-5-1 程式

實習 建立下列 3 種類型的階梯圖程式。

■ 類型 1：LD、OUT、自保持

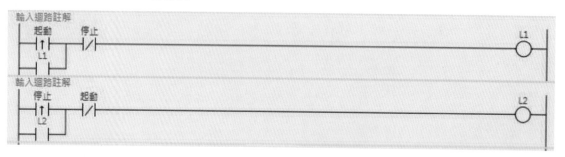

■ 類型 2：使用功能之回路（**在類型 1 中插入並新增功能**）

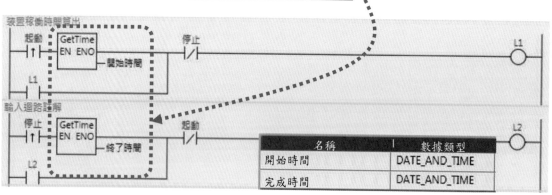

名稱	數據類型
開始時間	DATE_AND_TIME
完成時間	DATE_AND_TIME

■ 類型 3：使用功能區塊之回路（連續動作）

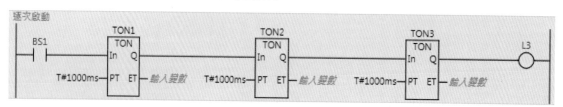

■ 類型 1：LD、OUT

● 輸入接點

插入接點的方法有以下 4 種：

利用 AND 電路插入接點時的步驟亦相同。

(1) 進入編輯程式圖層，並由工具箱中拖放（Drag & Drop）[接點]（放到輸入位置）

(2) 在編輯程式圖層中選擇連接線並按下右鍵，接著選擇[插入接點]

(3) 在編輯程式圖層中選擇連接線，並按下 C 鍵

(4) 事先複製（ Ctrl ＋ C ）好程式圖層中的接點，然後選擇連接線後貼上（[Ctrl]＋[V]）

● 輸入線圈

插入線圈的方法有以下 5 種：

(1) 在編輯程式圖層中拖放[線圈]（位於工具箱內）

(2) 選擇編輯程式圖層上的連接線，按下右鍵並選擇[插入線圈]

(3) 在編輯程式圖層中選擇連接線，並按下 O 鍵

(4) 進入編輯程式圖層，並在輸入線圈的起點連接線到終點右方母線之間拖放連接線

(5) 事先複製（ Ctrl ＋ C ）好程式圖層中的線圈，然後選擇連接線後貼上（ Ctrl ＋ V ）

● 新增回路

將游標移到連接線後，按下 R 鍵。

（或是按下右鍵，選擇[插入迴路]。）

在連接線上按一下左鍵（連接線會變成藍色）

按下 C 鍵，輸入接點

已完成變數登錄後，接著畫面上將出現下列後補選項。

如不需要輸入註解，可直接按下 ENTER 鍵

按下 ENTER 鍵確認後，游標就會被移到右側（後方）。

接著，可直接輸入下列回路。（按下 O 鍵，並輸入 L1）

點擊起動的接點，並按下 W 鍵，利用 OR 電路建立 L1。

點擊您想要插入停止的 B 接點的連接線部分，並按下 / 鍵，並輸入停止名稱

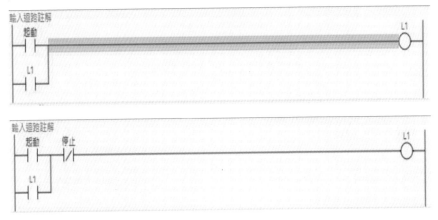

如果要將啟動的接點設定為上微分，請按一下右鍵並插入上微分。

亦可輸入快速鍵來執行
（適用於 Sysmac Studio Ver. 1.06 以後版本）
@鍵：上微分
%鍵：下微分

在上述連接線上新增回路行（ R 鍵），並依照前述要領新增第 2 行。

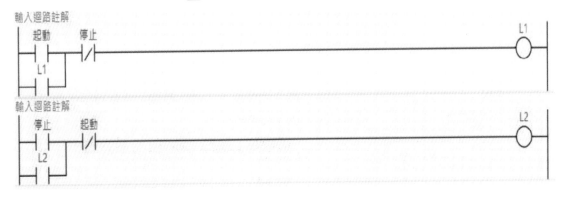

完成類型 1。

■類型2

類型2僅針對插入FUN的方法加以敘述。

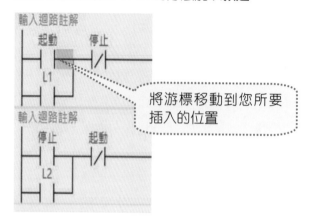

將游標移動到您所要
插入的位置

按下 $\boxed{\text{I}}$ ，並輸入FUN名稱「GetTime」（可輸入小寫字母，按下確定後系統會自動轉換為大寫）。

繼續按下ENTER鍵（2次），直到出現下列狀態（整個FUN變為藍色）。

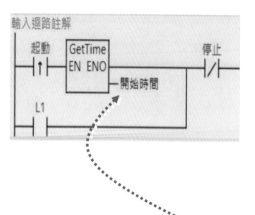

最後輸入輸出變數名稱（任意名稱），本範例所輸入的名稱為「開始時間」。

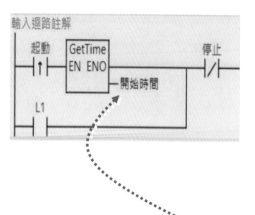

輸入完成後，「開始時間」將會被同步登錄在
內部變數欄中。

名稱	數據類型	
開始時間	DATE_AND_TIME	
完成時間	DATE_AND_TIME	

詳細說明請參閱「3-6 登錄變數」

詳細說明請參閱「3-7 功能的使用方法」

74

■類型 3

類型 3 僅針對插入 FB 的方法加以敘述。

先在您所要插入的連接線上按一下右鍵，然後再按下 F 鍵。

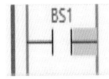

輸入「TON」（可輸入小寫字母，按下確定後系統會自動轉換為大寫）作為 FB 名稱後，
按下 ENTER 鍵。

在位於 FB 上方的「輸入功能區塊」按一下滑鼠左鍵，並輸入「TON1」。

在輸入端(左側)的變數欄中，輸入「T#1000ms」。

倘輸入端(右側)的變數也是 TON，則可省略不輸入。

當所有 FB 皆變為藍色狀態，這時候只要按一下 F1 鍵，即可瀏覽 FB 的參考
(Reference)。

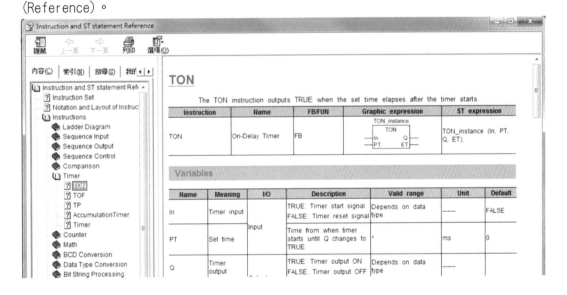

已貼上 1 個 FB。

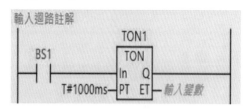

如上圖所示，額外新增 2 個 FB 時，最有效率的方法就是複製和貼上。

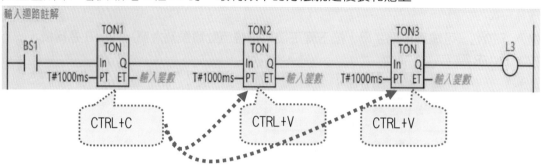

注意）複製完成後，請記得要將實例名稱變更為 TON2、TON3！

3-6 登錄變數

3-6-1 啟動區域變數登錄畫面

① 進入多檢視瀏覽器，選擇
[編程]－[POU]－[程式]－[Program0]，並在[Section0]上按下右鍵。
(或是按下滑鼠右鍵，選擇[編輯]。)

② 區域變數登錄表就會被顯示在編輯視窗的程式設計圖層中。

3-6-2 登錄新的區域變數(內部變數)

① 將游標移到變數表中。

② 輸入或選擇每個項目後，按下 ENTER 鍵即可確定輸入內容。
・名稱：「IN00」
・數據類型：「BOOL」

③ 即完成區域變數(內部變數)登錄。

註： 如果要在 POU 中使用被登錄在全局變數中的變數，必須先將該變數登錄為區域
變數表的外部變數。

3-6-3 　登錄新的區域變數(外部變數)

可將被登錄在全局變數中的變數,登錄為區域變數表的外部變數。

① 　按一下[外部變數]索引標籤,並將游標移到變數表中。

② 　按下全局變數「OUT00」的第一個字元 $\boxed{O}$ 鍵。
由清單中選擇「OUT00」,並按下 $\boxed{ENTER}$ 鍵。
(OUT00 已經被登錄為裝置變數的條件下)

③ 　即完成區域變數(外部變數)
登錄。

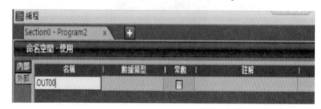

■ 　變數管理員

所謂「變數管理員」就是一種能將登錄在全局變數及區域變數表中的變數清單,以獨立視窗顯示的一種功能。

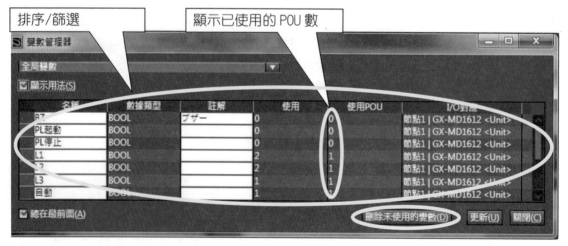

■ 　變數註解

您可以為變數加上註解,本功能包含顯示多行註解以及 2 種語言註解切換等功能,設定時請依序進入[工具]-[選項]即可開始設定。

3-7 功能的使用方法

■輸入功能的方法包含以下 3 種。

（1）請由工具箱中拖放功能。

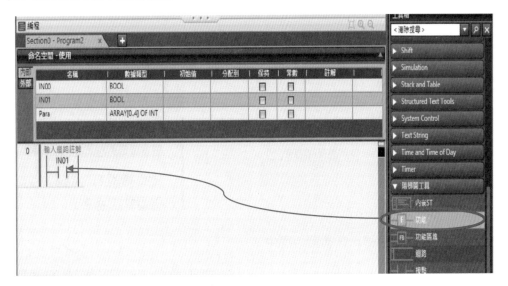

（2）選擇好連接線，並在該線上按一下右鍵，接著從選單上選擇「插入功能」。

（3）選擇連接線，並按下 ⌈ｌ⌋ 鍵。

3-8 檢查程式

此功能可用來確認您所編輯的 POU（程式、功能區塊、功能）格式是否出現錯誤。
程式檢查的方法共有 2 種：

· 檢查所有程式

· 檢查選取的程式

3-8-1 檢查所有程式

① 請由選單中選擇[專案]-[檢查所有程式]。

② 程式檢查的結果將會被顯示在建置視窗中。

項目	畫面示意圖	內容
錯誤數量	⊗ 1 錯誤	顯示錯誤數量。
警告數量	⚠ 9 警告	顯示警告數量。
錯誤/警告編號		依系統所發現錯誤/警告順序顯示。
錯誤/警告內容	說明	顯示錯誤/警告內容。
錯誤/警告位置	位置	顯示錯誤/警告的發生位置。

3-8-2　檢查部分程式

① 進入多檢視瀏覽器，並選擇您所要檢查的 POU 或 Section。
② 請由主選單中依序選擇[專案]－[檢查選取的程式]。

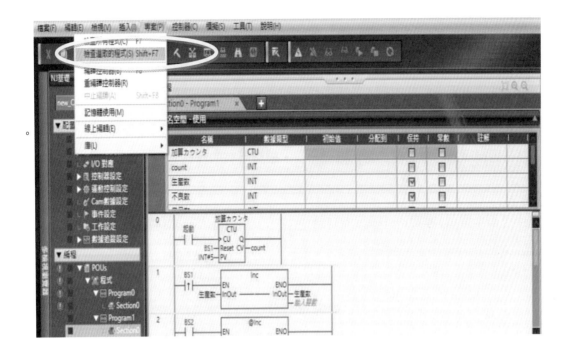

3-9 編譯控制器/重編譯控制器 (Build/Rebuild)

編譯控制器

- 就是將專案程式轉換為 CPU 模組可執行的格式。轉換時，系統將會檢查程式或變數資料。
- 一旦出現錯誤時，系統就會停止轉換，並且將錯誤內容顯示在建置視窗中。執行 2 次以上的編譯動作時，系統只會針對已變更的程式進行建置。
- 一旦使用者變更程式內容，系統即自動執行編譯功能，亦可手動執行。

重編譯控制器

- 將曾經編譯過的專案程式重新編譯一次。編譯所有的程式。

建置方法

① 請由選單中選擇 [專案] - [編譯控制器]。

② 當選單列發生錯誤時，畫面上將顯示錯誤清單。

※點擊輸出檢視的索引標籤，即可開始確認目前編譯狀態。

將 Sysmac Studio 的專案及控制器設定為可通訊狀態。

■連線

請由選單列選擇[控制器]－[線上]。

或是從工具列上選擇。

線上

※第一次連線時，畫面上將出現下列訊息。

只要您曾經寫入過名稱，畫面上就不會再顯示以下訊息。→按下「是」。

■結束連線

請由選單列選擇[控制器]－[離線]。

或是從工具列上選擇。

離線

3-11 子局(EtherCAT)簡易設定

實習 設定 EtherCAT 子局

請先將實習所需使用的 I/O 子局資訊登錄在控制器中。

本節選擇以最簡單的方法進行登錄，一般的登錄方法請參閱附錄之相關說明。

① 進入多檢視瀏覽器，選擇[配置和設定]並雙擊[EtherCAT]。(或是按下滑鼠右鍵，選擇 [編輯]。)

② 設定為連線。

③ 在主設備圖示上按一下滑鼠右鍵，並點擊「與物理網路設定比較和合併」

④ 出現比較畫面時，請點擊畫面下方的「套用物理網路設定」選項

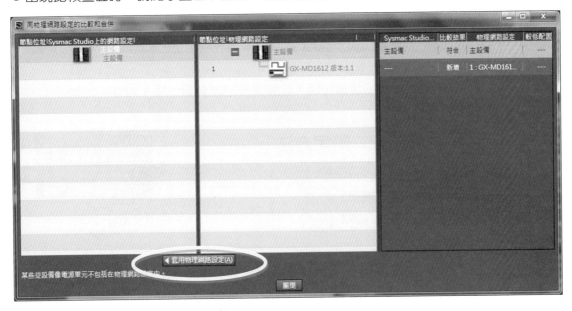

⑤ 出現「套用物理網路設定」訊息視窗後，請點擊[套用]

⑥ 畫面上將顯示 SysmacStudio 上的網路設定與物理網路設定相同的畫面，確認完成後請按下畫面下方的「關閉」鍵。

⑦ 顯示設定結果並完成設定。

本範例僅針對 1 台 EtherCAT 子機進行設定，事實上本產品可同時辨識所有連線的組件並變更其設定。

3-12 CPU 機架配置和設定(參考)

您可利用 Sysmac Studio 編輯安裝於 NJ 系列 CPU 或擴充機架上的模組配置,並設定高功能模組。

Sysmac Studio 提供模組配置的建構功能,就像實際組裝裝置一樣。(僅適用於離線狀態)

3-12-1 CPU/擴充機架之設定方法

① 雙擊多檢視瀏覽器中的
[配置和設定] – [CPU/擴充機架]。
(或是按下滑鼠右鍵,選擇[編輯]。)

② 編輯視窗的[配置和設定]對話框上
將顯示[CPU/擴充機架]。

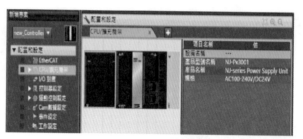

3-12-2 插入模組

① 進入位於畫面右側的工具箱,並選擇[類別]中的[通信],
下方就僅會顯示通訊模組的部分。

② 將游標移到工具箱,並拖曳機型選擇視窗中您所要選擇的
模組(EX. SCU 模組),然後再放到[CPU/擴充機架]對話框
上。

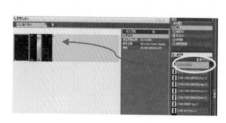

③ 模組即插入完成。

3-12-3 模組機型變更步驟

① 在您想要變更機型的模組（[CPU/擴充機架]對話框）按下右鍵，並選擇[變更型號]。

② 畫面上就會出現[變更單元型號]視窗。

③ 請選擇模組並按下[確定]鍵。

3-12-4　模組複製/貼上

① 在您想要複製的模組上按下右鍵，然後選擇[複製]。

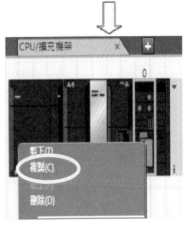

② 在您想要插入的對象模組上按下右鍵，並選擇[貼上]
。該模組就會被貼上。

3-12-5　高功能模組設定

① 在[CPU/擴充機架]圖層上，雙擊您想要設定的模組。
（或是按下右鍵，選擇[編輯特殊單元設定]。）

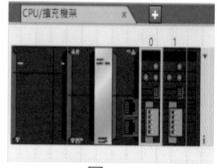

②畫面上就會顯示您所選擇模組的[編輯參數]
對話框。

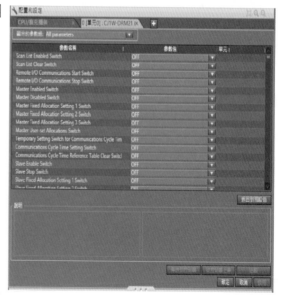

③ 執行各項設定，完成後按下[確定]鍵。

> ※本教材並未使用高功能模組，
> 　請將已新增的模組刪除。

3-13 控制器設定(參考)

3-13-1 動作設定

此功能係用來進行「導入電源時模式」等 PLC 功能模組動作及路由表之相關設定。

① 進入多檢視瀏覽器,並雙擊[配置和設定]-[控制器設定]-[操作設定]。
(或是按下滑鼠右鍵,選擇[編輯]。)

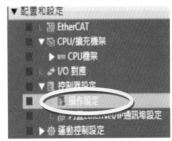

② [配置和設定]對話框中將顯示[基本設定]。

③ 執行各個項目的設定。

NJ 系列並未配備監視模式

當設定內容發生超出範圍等錯誤時,該位置將以紅框顯示。

設定類別	設定項目	說明
動作設定	導入電源時模式	選擇導入電源後的動作模式。
SD 記憶卡設定	導入電源時診斷 SD 記憶卡	導入電源後,您可針對已插入之 SD 記憶卡,設定是否執行自我診斷(檔案系統檢查及修復)功能。
系統服務監測設定	系統服務執行間隔[ms] 範圍:10ms~1s	設定系統服務的執行間隔。
	系統服務執行時間比例[%] 範圍:5~50%	針對整個 CPU 模組的處理作業,設定執行系統服務的比例。
安全設定	導入電源後寫入保護	設定電源導入後,是否要將 CPU 模組設定為准許/禁止覆寫。
運轉模式期間設定改變	・開始 ・傳送 ・取消	當專案與控制器的參數一致時,即使在運轉模式下,也能針對導入電源時的寫入保護寫入參數設定。

3-14 I/O 對應設定

I/O 對應

所謂「I/O 對應」指的就是一種能連結硬體與軟體關係的配置。
有了此種配置,即使硬體進行變更,對於軟體幾乎沒有任何影響。

過去…

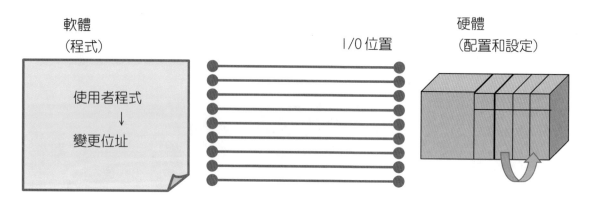

軟體
(程式)

I/O 位置

硬體
(配置和設定)

使用者程式
↓
變更位址

使用 NJ 後…

提升再利用性的方法⇒利用變數配置

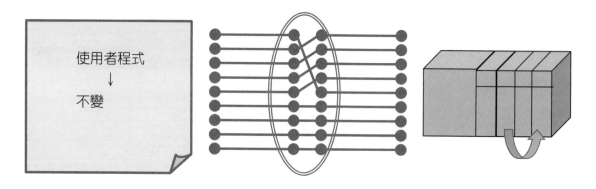

使用者程式
↓
不變

設定 I/O 對應時,必須先確認並建立新設備變數[※]。

※)就是被配置為 I/O 通訊埠(用來讓程式與外部裝置(模組/子局)進行資料處理的邏輯
介面)的變數。

設定 I/O 對應時，必須先確認並建立新**設備變數**[※]。

※）就是被配置為 I/O 通訊埠（用來讓程式與外部裝置（模組/子局）進行資料處理的邏輯介面）的變數。

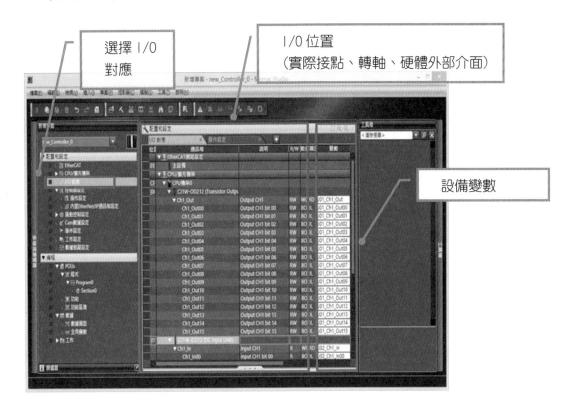

從上述的 I/O 對應登錄新的裝置變數。

可分為 2 種方法，一種是自動建立新設備變數名稱，另一種則是手動輸入。

3-14-1　手動建立新設備變數

※請在離線狀態下設定

①在[I/O 對應]對話框上選擇 I/O 通訊埠。

②雙擊「變數」該列，登錄變數名稱。若在全局變數中已有登錄，點擊 ▼，從下拉式選單中，在全局變數中選擇即可。

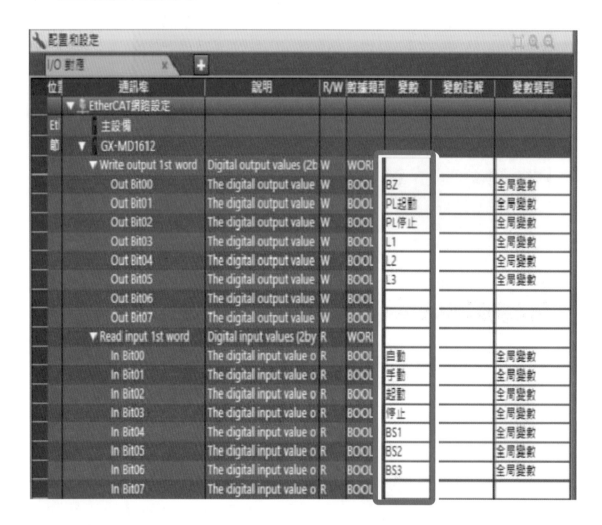

③系統就會針對模組的 I/O 通訊埠配置裝置變數，並且將該變數登錄至「作用範圍」所指定的變數表中。

3-14-2　自動建立新設備變數（參考）

自動建立新設備變數時的變數名稱為「裝置名稱」+「I/O 通訊埠名稱」。

「裝置」名稱的初始值如下：

- 若裝置為子局時，名稱為「E」+「01 開始的連號數字」
- 若裝置為模組時，名稱則為「J」+「01 開始的連號數字」

■自動產生的裝置變數屬性

屬性	設定內容	設定變更
變數名稱	［裝置名稱］+［I/O 通訊埠名稱］	可
數據類型	依照［I/O 通訊埠］所對應的數據類型。	可
指定 AT（配置目的地）	・CJ 模組裝置變數： IOBus://rack#[機架編號]/slot#[插槽編號]/[I/O 通訊埠名稱] ・EtherCAT 子局裝置變數： ECAT://node# [節點編號]/[I/O 通訊埠名稱]	不可
維持原有動作	・在 CJ 模組裝置變數中 配置為「運轉用資料」(CIO 區)的變數：配置為「不保持」、「設定資料」(DM 區)的變數：「保持」 ・EtherCAT 子局裝置變數：不保持	不可
初始值	無	可
常數	I/O 通訊埠被配置為「R」(讀取專用)的「設定資料」(DM 區)變數為「有」。其他變數為「無」	可
網路公開	不公開	可
邊緣	無	不可
禁止寫入通訊資料	不可	可

各種屬性的代表意義請參閱　📖「第 7 章　編程」中「7-2-4　變數屬性」之相關內容。

※請在離線狀態下設定。

① 進入多檢視瀏覽器，選擇［配置和設定］並雙擊
　　[I/O 對應]。(或是按下滑鼠右鍵，選擇［編輯］。)

② 選擇顯示在［I/O 對應］對話框上模組的 1 個或多
　　個 I/O 通訊埠，按下右鍵並選擇［建立新設備變
　　數］。

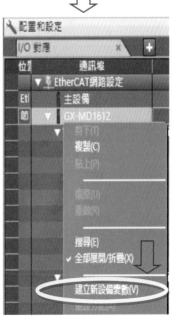

③ 系統就會針對模組的 I/O 通訊埠，自動配置一個裝置變數。該變數將會被登錄在[作用範圍]所指定的變數表中。

<如欲變更裝置名稱>

(甲) 請進入多檢視瀏覽器，並雙擊[CPU/擴充機架]。
　　(或是按下滑鼠右鍵，選擇[編輯]。)

(乙) 將游標移到[CPU/擴充機架]對話框您所要設定的模組上。

(丙) [模組資訊]中的「裝置名稱」可設定為任意名稱。

3-15 同步

（僅適用於連線狀態）

此功能可以讓使用者可自行選擇當 Sysmac Studio 資料與 NJ 系列控制器資料比對後所要傳送的方向。

① 請由選單列選擇[控制器]－[同步]。
（亦可從工具列上選擇）

同步

② 工具窗中將顯示同步視窗。

接著系統就會開始進行 Sysmac Studio 與控制器內部程式、設定資料之比對。

圖示	文字顏色	狀態	說明
無	白色	同步完成	表示 Sysmac Studio 資料與 NJ 系列控制器資料一致。
	紅色	相異	表示 Sysmac Studio 資料與 NJ 系列控制器資料相異。 ・當比對項目中有任何一項資料相異時 ・同步資料的顯示順序相異（顯示順序相異時，畫面上將顯示 Sysmac Studio 端的順序。）
	綠色	僅存在某一邊的資料	只有 Sysmac Studio 端或 NJ 系列控制器端某一邊有資料存在。
	灰色	未完成編譯	未完成編譯或發生錯誤。
		不適用於同步	表示是 CJ 系列高功能模組參數或是 CJEtherCAT 子局參數。

③ 由同步視窗所顯示的比對項目中選擇傳送項目，然後再按下[傳送]鍵。

如欲透過 Sysmac Studio 將資料傳送至控制器，請選擇傳送路徑[傳送到控制器]該選項。

若要透過控制器將資料傳送至 Sysmac Studio，請選擇傳送路徑[從控制器上傳]。

④ 當程式傳送完成後，同步視窗的左下方將顯示「同步完成」訊息。

⑤ 傳送完成後，請按下「再次比對」鍵，以確認是否有任何問題(以紅色字顯示)。
(若無任何錯誤，表示傳送作業完成)

⑥ 確認結束後，請『關閉』視窗

3−16 動作確認

以下將介紹如何確認類型 1 ~ 3 的動作，不過在這之前，我們將為您說明程式所執行的各種動作。

■ 類型 1：LD、OUT、自動保存資料

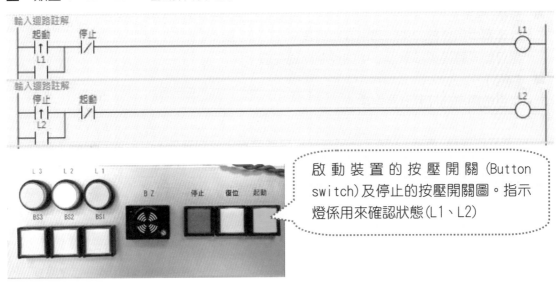

啟動裝置的按壓開關(Button switch)及停止的按壓開關圖。指示燈係用來確認狀態(L1、L2)

■ 類型 2：使用功能之回路(在類型 1 中插入並新增功能)

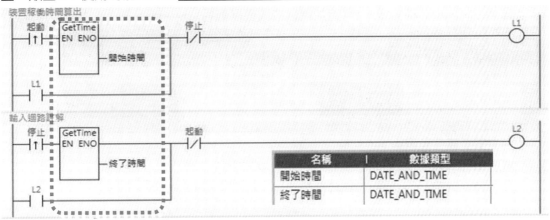

名稱		數據類型
開始時間		DATE_AND_TIME
終了時間		DATE_AND_TIME

裝置啟動時間及停止時間將會被記憶為「開始時間」與「結束時間」等內部變數。

可之後追加

■ 類型 3：使用功能區塊之回路(連續動作)

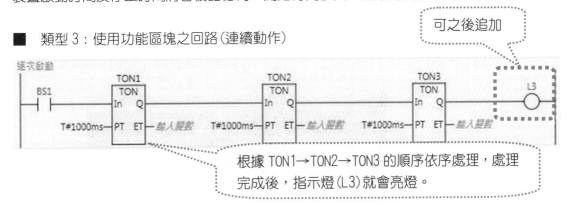

根據 TON1→TON2→TON3 的順序依序處理，處理完成後，指示燈(L3)就會亮燈。

3-17 監視

監視會將多個變數的現在值加以匯整,以供確認之用。
監視包含以下2種。

■ 監視(專案)
  以專案中所登錄的控制器為觀察對象。
  讓您能同時確認多筆連線中的控制器現在值。
■ 監視1
  以目前顯示的控制器為對象。

※ 要操作監視(專案),除了必須在登錄變數時指定控制器外,其餘皆和監視1相同。

請確認實習時所輸入的程式。(請先連線後再執行同步)

① 從選單中選擇[檢視]-[監視檢視]。

檢視(V)	插入(I)	專案(P)	控制
輸出檢視(O)		Alt+3	
監視檢視(W)		Alt+4	
交叉索引檢視(C)		Alt+5	
編譯檢視(B)		Alt+6	
搜尋和置換結果檢視(E)		Alt+7	
模擬畫面(S)		Alt+8	
微分監視器(D)...			
變數管理器(V)...			
縮放(Z)			▶

② 畫面上將出現2種監視。(可追加標籤或改變標籤名)

③ 將變數登錄在監視中。
  方法1)將變數名稱輸入監視的名稱欄位中。
  方法2)從編輯器及變數表拖放至監視中,即可完成登錄動作。

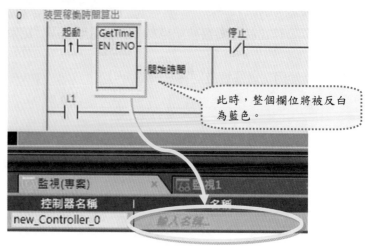

此時,整個欄位將被反白為藍色。

④ 您可以在監視上變更或監控數值。

可指定為TRUE或FALSE

監視拖放功能

所要拖曳的來源視窗	適用對象	動作
階梯圖編輯器	接點、線圈	登錄接點、線圈的變數名稱。
	功能區塊、功能	登錄被配置為功能區塊實例變數、功能區塊或功能之輸出/輸入變數。
ST 編輯器	變數名稱	登錄您所選擇的變數名稱。
全局變數表、區域變數表	變數資料表上的變數、功能區塊實數名稱	登錄您所選擇的變數名稱、功能區塊實例名稱。

■ 微分監視

微分監視功能就是一項能在線上監控模式下能更輕鬆地針對上/下微分次數進行監控及計數的功能。

微分監視功能最多可監控 8 個 BOOL 型變數。

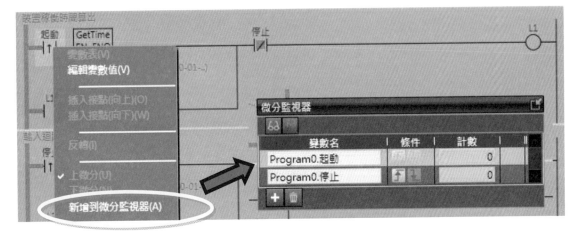

登錄時的輸入格式

「名稱」的輸入格式如下：

①依作用範圍所區分的變數名稱之輸入格式

變數	輸入格式	範例
全局變數	變數名稱	Start_SW1
區域變數 (Program)	Program 名稱. 變數名稱	Program1. Start_SW1

②依數據類型所區分的變數名稱之輸入格式

變數的資料形態	輸入格式	顯示
基本數據類型	變數名稱	顯示您所指定的變數。
陣列類型	陣列變數名稱	登錄陣列變數名稱後，陣列的所有要素將以摺疊顯示。
	陣列變數名稱 [數字]	顯示指定要素。
	陣列變數名稱 **[數字-數字]** （需指定範圍）	範圍內的所有要素將以摺疊顯示。
結構體類型	結構體變數名稱	結構體成員將以摺疊顯示。
	結構體變數名稱. 成員名稱	顯示您所指定的成員。
聯合體類型	聯合體變數名稱	結構體成員將以摺疊顯示。
	聯合體變數名稱. 成員名稱	顯示您所指定的成員。
POU 實例 （Function、FB）	POU 實例變數名稱	POU 內部變數將以摺疊顯示。
	POU 實例變數名稱. POU 內部變數名稱	顯示您所指定的變數名稱。
列舉類型	變數名稱	顯示您所指定的變數。

3-18 線上編輯

■所謂「線上編輯」就是一種用來編輯動作中的系統程式之功能。

- 線上編輯的編輯目標為 POU 與資料(僅全局變數)。
- 資料(用戶定義資料類型)並非是線上編輯的目標。
- 線上編輯之編輯範圍為 1POU(與 CJ 同等)。
- 線上編輯一次可編輯之回路數並無限制(優於 CJ)。
- 可追加變數和 FB 實數。但無法刪除變數或變更名稱。

※需在連線狀態下操作。

① 選擇做為編輯目標的 Section

② 於線上連接的狀態下,從選單列表中選擇[專案]-[線上編輯]-[開始]。

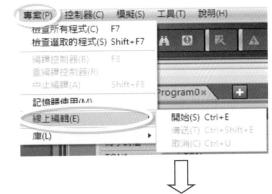

③ 程式會變成可進行編輯之狀態。

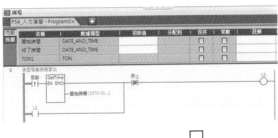

④ 從選單列表中選擇[專案]-[線上編輯]-[傳送]。

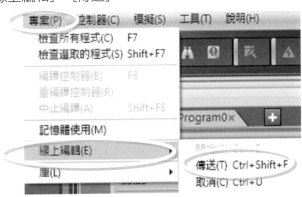

⑤　會顯示如右圖的對話方塊。
　　點選[是]。

⑥　線上編輯作業結束。

〈參考〉
　　如欲取消線上編輯，請在進行線上編輯的狀態下，從選單列表中選擇[專案]－[線上編輯]
　　－[取消]。

實習
　　請使用連線編輯器來編輯程式吧！

範例：新增線圈(使用類型 3)

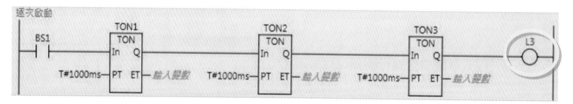

3-19 模擬功能

模擬功能可做到以下四點。

① 時序和運動控制的連動模擬

② 運動控制指令值和實際值[※]的比較

③ 在高速控制時讓想看的場景停止的可確認除錯功能

④ 預測執行時間

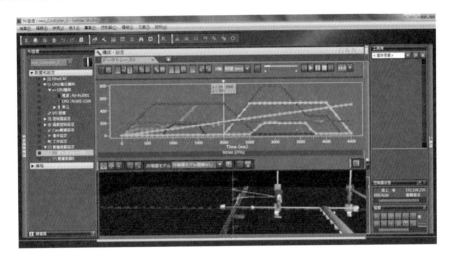

※） 在模擬狀態下，指令值和實際值相同。可和實機的追蹤結果進行比較。

開始模擬

① 從選單中選擇[檢視]－[模擬畫面]。

※ 若模擬視窗已顯示，則可略過此步驟。

② 模擬視窗會追加在右下角。

※ 於模擬視窗顯示後，請先將程式
　「編譯」一次。

③ 按下模擬視窗中的執行鍵。

按壓一下

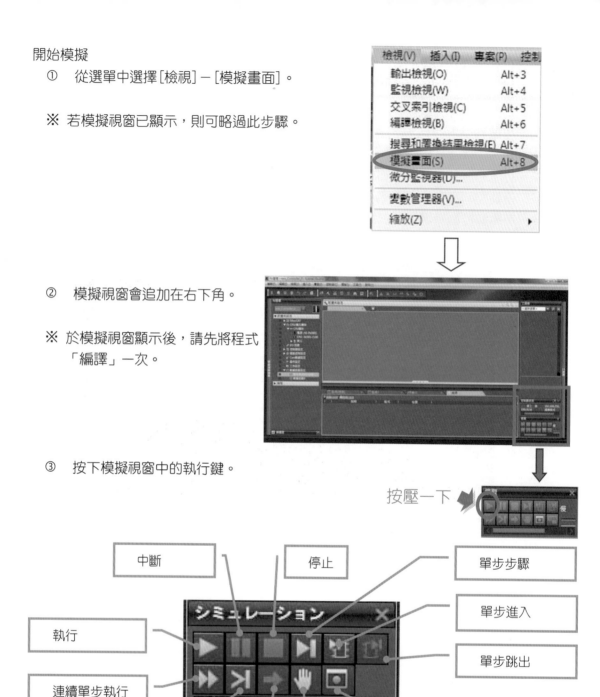

中斷　　停止　　單步步驟

執行　　　　　　單步進入

連續單步執行　　單步跳出

執行單次掃描　　斷點視窗

跳躍到目前位

設定/清除斷點

104

實習 請模擬類型 3（TON）的動作吧！

請透過監視輸入並瀏覽 BS1、L3 等之輸出/輸入訊號，輸出/輸入裝置及控制器本身的訊號皆不在本實習觀察範圍。

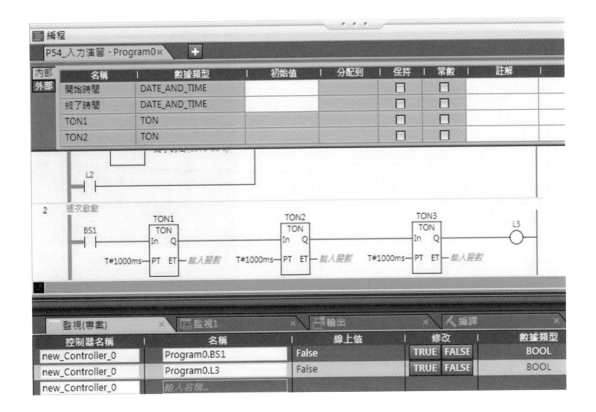

3-20 數據追蹤設定

針對目標變數進行取樣，以非程式方式儲存於追蹤記憶體中的功能。
不管是和 NJ3、5（實機）或模擬器同等的功能皆可使用。

① 進入多檢視瀏覽器，依序選擇[配置和設定]
  －[數據追蹤設定]，按下右鍵，接著選擇[新
  增]－[數據追蹤]。

② 追加[數據追蹤 0]。

③ 雙擊[數據追蹤 0]。
  （或是按下滑鼠右鍵，選擇[編輯]。）

④ 數據追蹤的設定畫面會顯示於[配置和設定]的對話框中。

■設定畫面

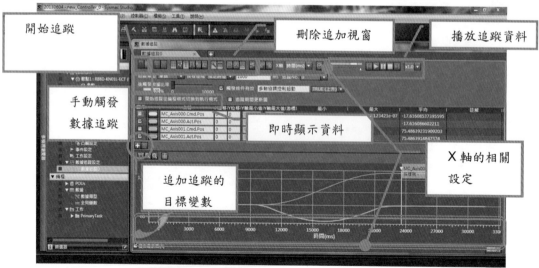

■ 觸發追蹤與連續追蹤

針對目標變數進行取樣,以非程式方式儲存於追蹤記憶體中的功能。

可選擇設定觸發條件,並紀錄條件成立前後的資料的觸發追蹤;或是連續進行無觸發取樣動作,並將結果依序紀錄在電腦上的檔案的連續追蹤等 2 種方式。

可在 Sysmac Studio 上確認資料或儲存檔案。

變更追蹤類型

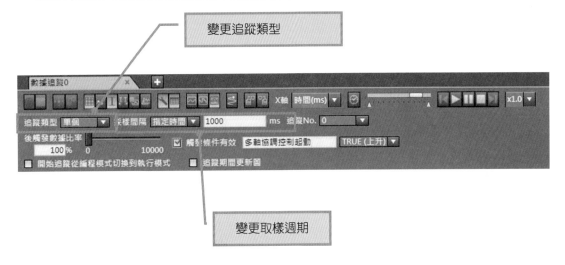

變更取樣週期

※選擇「指定時間」時,可以 ms 為單位來指定取樣間隔。

■ 觸發追蹤的相關設定

設定針對觸發發生前後的資料進行追蹤時的比例

範例)若設定為 60%,則會在觸發發生前記錄 40%
(4000 件),觸發發生後記錄 60%(6000 件)。

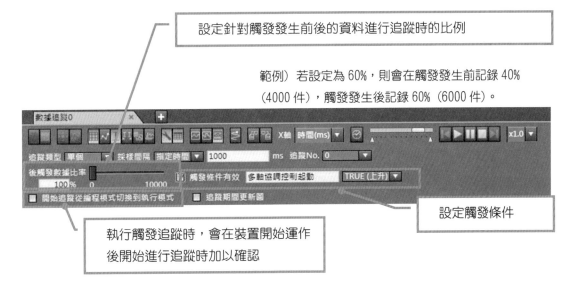

設定觸發條件

執行觸發追蹤時,會在裝置開始運作
後開始進行追蹤時加以確認

107

練習 請追蹤類型 3 的計時器指令 TON1、TON2、TON3 的逾時狀態。

設定內容

 ←請選擇「在模擬圖上顯示數字」鍵。

☑觸發條件有效　　　　 BS1 　 ↑ （上微分） 。
☑追蹤期間更新圖

按下 　　　 指定 Program0. TON1. ET
　　　　　　　　　　　　 Program0. TON2. ET
　　　　　　　　　　　　 Program0. TON3. ET

按下 ⏺即開始進行追蹤。

按下 BS1 3 秒後，L3 的指示燈就會亮燈，此時請再次按下 BS1 ，即停止。

按下 鍵結束追蹤（螢幕上將出現類似下圖的【追蹤結果顯示畫面】）。

【設定畫面】

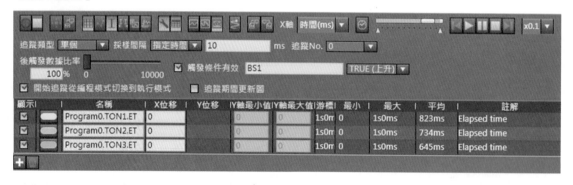

【追蹤結果顯示畫面】

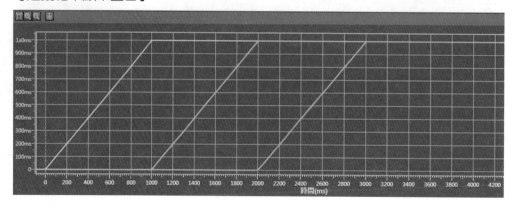

3-21　異常排除

利用 Sysmac Studio 確認異常排除功能

異常發生時，只要將 Sysmac Studio 與控制器連線，即可確認目前所發生的異常，以及過去曾經發生過的異常記錄。

☐ 目前發生的異常

　　進入 Sysmac Studio 的「控制器異常」索引標籤，即可開始確認發生中的異常的「等級」「發生來源」「發生來源詳細」「事件名稱」「事件代碼」「詳細資訊」「附屬資訊 1~4」「處理方法/對策」等項目。此功能無法顯示「監控資訊」是否異常。

☐ 曾經發生過的異常記錄

　　進入 Sysmac Studio「控制器事件記錄」索引標籤，即可開始確認過去已發生之異常的「日期時間」「等級」「發生來源」「發生來源清單」「事件名稱」「事件代碼」「詳細資訊」「附屬資訊 1~4」「處理方法/對策」等項目。

　實習　請將 EtherCAT 纜線從子局上拔除，讓通訊發生異常，用以確認異常排除功能。

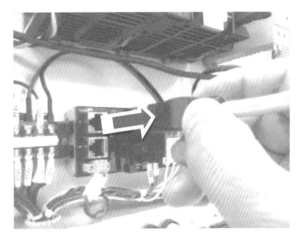

① 將 EtherCAT 纜線從子局上拔除。
　（參考右圖）

② NJ 本體(CPU)部分的 ERROR 指示燈及子局上的 ERR 指示燈將閃紅燈。

③ 點擊 SysmacStudio 的選單圖示如下，以開啟「故障分析」視窗。

④ 請利用異常排除事件記錄視窗，分別確認「等級」「發生來源」「詳細資訊」等項目。

　根據下述內容可知，纜線接頭已被拔除。

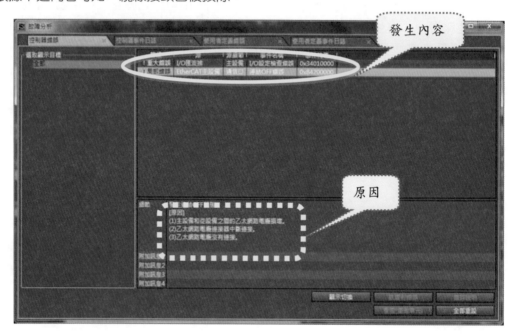

⑤ 請排除纜線被拔除這項造成異常原因。
　上述異常資訊和 CPU、子機的錯誤指示燈暫時不會消失。
　因為如果透過系統自動復原，將極容易出現人為疏忽的情形，因此在人為介入處理前，將繼續維持現狀。

⑥ 請按下上圖右下方的「全部重設」鍵，並確認畫面上的異常訊息，以及 CPU、子機的錯誤指示燈是否熄燈。

⑦ 確認完成後，請點擊上圖右上方的 x 鍵，即可關閉畫面。

參考

CPU 模組異常之重要度只要利用 Sysmac Studio 即可進行變更。
輕微錯誤會顯示在監視資訊中並可進行變更，不過，倘該異常攸關裝置安全性，則無法進行任何變更。

備忘頁

備忘頁

第4章

編輯邏輯程式

本章的目的在於讓各位練習經常使用的應用指令及內嵌 ST 程式(Structured text)等使用方法,藉以熟悉 Sysmac Studio 之操作動作。

4-1 CTU 指令

4-1-1 CTU

· 每當計數器輸入訊號輸入時便進行加法計算的計數器。Reset 值和計數器值的數據類型為 INT。

範例）以下為「PV」= INT#5 時之敘述範例及時序圖。

【使用 LD（ladder diagram）】　　　　　　【使用 ST（Structured text）】

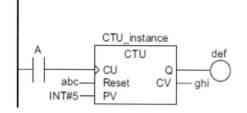

CTU_instance(A, abc, INT#5, def, ghi);

【時序圖】

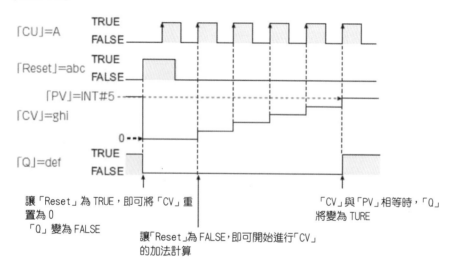

讓「Reset」為 TRUE，即可將「CV」重置為 0
「Q」變為 FALSE

讓「Reset」為 FALSE，即可開始進行「CV」的加法計算

「CV」與「PV」相等時，「Q」將變為 TURE

練習　請建立以下的計數器回路，並利用監視來確認動作。

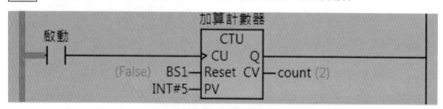

（動作確認結果）

① 按 ⬚ 開關 ⬚ 次後，⬚ 就會變為 TRUE。

② 按下 BS1 後，⬚ 就會變為 0。

（參考）CTD（遞減）

· 每當計數器輸入訊號輸入時便進行減法計算的計數器

4－2　Inc 指令

4-2-1　Inc（遞增）

- Inc 可為整數值加 1。

範例）每當 In00 為 TRUE，變數 Indata 就會增加 1。

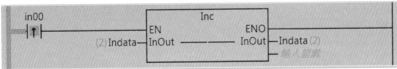

（參考）Dec（遞減）

- Dec 可為整數值減 1。

練習　請利用 Inc 指令，編寫一個可計算生產數量、不良數量及良品數量的程式。
又，輸出/輸入項目如下。
如有需要，請利用 F1 鍵來瀏覽參考指令，也可以使用 Inc 以外的指令。

　　生產計數(BS1)　→　生產數量
　　不良記數(BS2)　→　不良數量
　　生產數量 － 不良數量 ＝ 良品數量

4-3　計時器指令

■NJ 系列支援 5 種計時器指令。

- TON（ON 延遲計時器）
- TOF（OFF 延遲計時器）
- TP（脈衝輸出）
- AccumulationTimer（累計計時器）
- Timer（100 ms 計時器）

■用途範例

- 讓輸送帶在一段時間執行動作
- 當裝置停止後，風扇也會在一段時間後停止動作

In	計時器輸入	BOOL
PT	設定時間	TIME
Reset	重置（僅適用於 AccumulationTimer）	BOOL
Q	計時器輸出	BOOL
ET	經過時間	TIME

■　TON（ON 延遲計時器）

- TON 會在輸入訊號 ON 後，依您所設定的時間延遲輸出。
- 當經過時間「ET」到達設定時間「PT」，計時器輸出「Q」將變為 TRUE。
- 當計時器輸入「In」為 FALSE 狀態下，計時器輸出「Q」也將變為 FALSE。

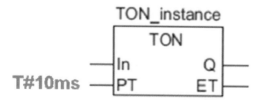

- 計時器精確度：100ns（CJ2：TMUHX 0.01ms）
- 設定範圍：T#0ms~ T#106751d_23h_47m_16s_854.77580 7ms（CJ2：TMUHX 0~0.65535s）

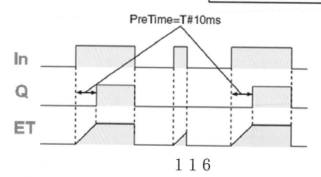

4-4 資料處理(MOVE)

■資料傳送指令

資料傳送指令可用來複製/移動資料。資料傳送指令包含下列幾種。

- MOVE
- MoveBit
- MoveDight
- TransBits
- MemCopy
- SetBlock
- Exchange
- AryExchange
- AryMove
- Clear
- Copy**ToNum
- Copy**To**
- CopyNumTo**

4-4-1 資料傳送指令

■ MOVE

- 從「In」參數中,將數值複製到「Out」參數中。
- 亦適用於陣列要素、結構體、聯合體等。

範例:傳送結構體(實際作法請參閱應用篇)

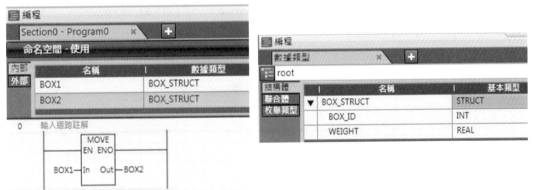

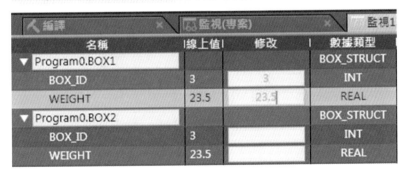

練習 1　請利用 MOVE 指令來編寫下列程式。

①請將 data1 傳送至 data2。

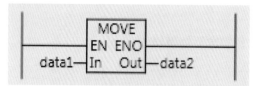

變數名稱	數據類型
data1	INT
data2	INT

② 請將數值 10 傳送至 data3。

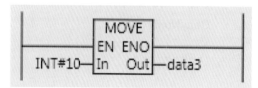

練習 2　不同數據類型之 MOVE 指令

③ 將 data4 之數據類型設定為 LREAL 後登錄至內部變數中。

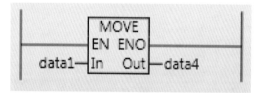

變數名稱	數據類型
Data4	LREAL

④請進入監視，將任意整數放入 data1，並確認 data2 ~ 4。

不同數據類型執行 MOVE 指令時之注意要點

倘「In」和「Out」的數據類型相異，請從以下任何一個數據類型群組當中，選擇一個「Out」有效範圍內包含「In」有效範圍的組合。

- BYTE、WORD、DWORD、LWORD
- USINT、UINT、UDINT、ULINT、SINT、INT、DINT、LINT、REAL、LREAL

資料大小(小)　　　　　　　　　　　　　　　資料大小(大)

備忘頁

備忘頁

第5章

建立功能及功能區塊之步驟

本章將教導使用者建立功能及功能區塊之步驟。

5-1 建立功能步驟

本節將介紹如何建立使用者定義功能之步驟。

接下來,將利用從角度計算出弧度的範例,介紹如何建立功能。

- 計算公式表示如下:

  rad = deg * 3.141592 / 180

- 如以下所示,登錄變數。

  rad:弧度　　deg:角度

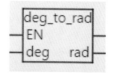

① 進入多檢視瀏覽器,依序選擇[編程]
  -[POU],並在[功能]上按下右鍵,
  接著選擇[新增]-[階梯圖]。

② [功能 0]就會被新增到[功能]項目下
  方。

③ 雙擊[功能 0]。
  即可將功能名稱變更為
  「Deg_to_rad」。

※如欲變更功能名稱,請在功能
0 上按一下右鍵,並點選[重新命
名]。

④ 登錄變數。
  點擊變數表上的輸出/輸入 Tab 鍵,接
著在畫面上按一下右鍵後點選[新增]。

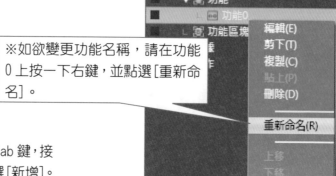

名稱	輸入/輸出	數據類型	邊沿	初始值	保持	常數
EN	輸入	BOOL	無邊沿		☐	☐
deg	輸入	LREAL	無邊沿		☐	☐
rad	輸出	LREAL	無邊沿		☐	☐

⑤ 點擊[內部]的標籤並進行登錄。（內部變數即使不登錄，系統也會自動登錄）

⑥ 進入階梯圖編輯畫面，並輸入以下程式。

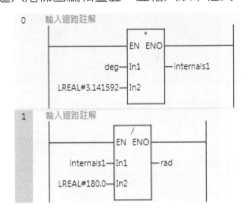

■ 建立完成的功能用來編寫程式之範例
進入多檢視瀏覽器，選擇[編程] − [POU] − [程式] − [Program0]，並雙擊[Section0]，接
著依下圖所示，輸入變數及程式。
※新增程式時，請不要忘記設定 Task。

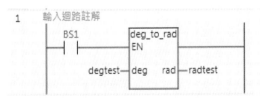

※利用快速鍵「I」即可呼叫功能。

■動作確認範例

123

5-2 建立功能區塊步驟

本節將介紹如何建立使用者定義功能區塊之步驟範例。
接下來,將以如何建立時鐘脈衝功能區塊為例,逐步說明。

① 進入多視窗瀏覽器,依序選擇[編程]
－[POU],並在[功能區塊]上按下右
鍵,接著由選單中選擇[新增]－[階
梯圖]。

② [功能區塊 0]就會被新增到[功能區
塊]項目下方。
接著,將功能區塊名稱變更為
「Clock_pulse」。

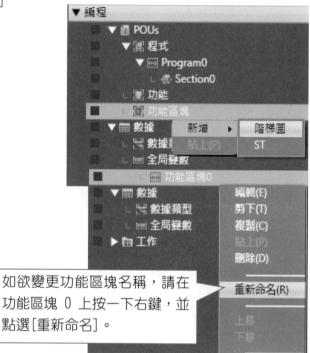

③ 雙擊[Clock_pulse]。

如欲變更功能區塊名稱,請在
功能區塊 0 上按一下右鍵,並
點選[重新命名]。

④ 登錄變數。

點擊變數表上的輸出/輸入標籤,接著在畫面上按一下右鍵後點選[新增]。

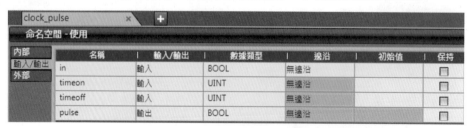

名稱	輸入/輸出	數據類型	邊沿	初始值	保持
in	輸入	BOOL	無邊沿		☐
timeon	輸入	UINT	無邊沿		☐
timeoff	輸入	UINT	無邊沿		☐
pulse	輸出	BOOL	無邊沿		☐

⑤ 利用同樣的方法來登錄內部變數。(內部變數不登錄,系統也會自動登錄)

名稱	數據類型	初始值	分配到	保持
a	BOOL			☐
b	BOOL			☐
tima	_sTimer			☐
timb	_sTimer			☐

124

⑥輸入階梯程式。

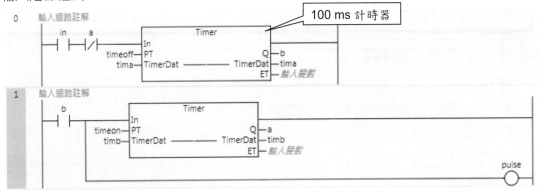

■ 建立完成的功能區塊用來編寫程式之範例

進入多檢視瀏覽器，選擇[編程]－[POU]－[程式]－[Program0]，並雙擊[Section0]，接著依下圖所示，輸入變數及程式。

內部 外部	名稱	數據類型	初始值	分配到	保持	常數	註解
	test1	clock_pulse			☐	☐	
	timeondata	UINT			☐	☐	
	timeoffdata	UINT			☐	☐	

```
0        BS2         test1
        ┤ ├      clock_pulse                                    L1
                  in      pulse ──────────────────────────────○
  timeondata──timeon
  timeoffdata──timeoff
```

※可利用快速鍵「F」呼叫出功能區塊。
※功能區塊需登錄實例名稱。

■動作確認範例

timeon 為脈衝 ON 時間，timeoff 則是脈衝 OFF 時間。

利用監視視窗可變更 ON 時間及 OFF 時間。

名稱	線上值	修改	數據類型	分配到
Program0.timeondata	30	30	UINT	
Program0.timeoffdata	10	10	UINT	

5−3 庫專案

5-3-1 何謂「庫專案」

為了能將 POU 模組化並再利用，因此 NJ 必須建立「庫專案」。

- 「庫專案」僅能選擇控制器當作裝置。
- 已經建立完成的專案僅能以控制器作為登錄裝置，進入檔案的屬性選項，將類型變更為「庫專案」。

5-3-2 建立專案（實習練習）

①要建立「新增專案」，必須在「專案屬性」中選擇「庫專案」。

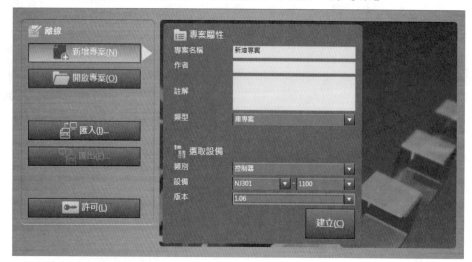

※ 實習時，將剛剛已做好的 FB：「Clock_pulse」剪下，並在專案貼上即可。

126

②當您完成建立專案庫的設定後，系統就會輸出庫。
請從主選單上，依序選擇[專案]｜[庫]｜[庫設定]。
畫面上將出現庫設定對話框。

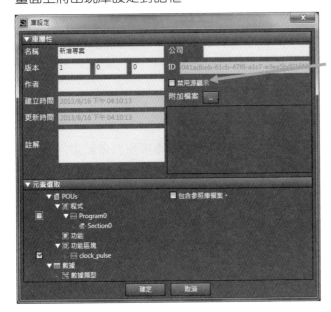

若您希望顯示來源，
請取消該核取方塊之
勾選。

②進入庫設定對話框，即可開始設定「庫屬性」並選擇組件。
設定完成後，按下[確定]鍵。

③從主選單上，依序選擇[專案]｜[庫]｜[建立庫檔案]。
畫面上將出現建立庫對話框。

④選擇您要用來儲存庫檔的資料夾，接著輸入庫檔案的檔名，並按下[存檔]鍵。
系統就會新增一個檔案資料夾。

5-3-3　使用庫

建立完成的庫檔案，可被讀入專案中，或使用其組件。庫檔案所讀取到的組件，其使用方法和檔案中所建立的功能、功能區塊定義以及數據類型等皆相同。

使用庫的步驟如下：

1. 參照庫
2. 使用庫組件

■　參照庫

此項設定係用來登錄檔案所使用之庫，您所需要使用的庫檔案將會被讀入檔案中。

①從主選單上，依序選擇[專案]│[庫]│[顯示索引]。

　畫面上將出現庫索引對話框。

②進入庫索引對話框，並點擊「＋」。

　畫面上將出現參照庫檔案對話框。

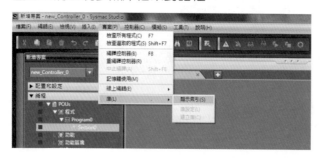

③選擇所要讀取的庫檔案，並點擊[開啟舊檔]鍵。

　如此就能讀入庫，而庫組件也能被檔案使用。

■ 使用庫組件

執行參照庫檔案後所讀取到的庫組件，可使用於專案中。

使用方法和一般的功能、功能區塊定義以及數據類型等皆相同。

零件名稱	使用方法
功能/功能區塊	建立程式或功能區塊時使用。
數據類型	可當作一般的數據類型使用。

① 利用「F」呼叫功能區塊，輸入「Cl」後即出現清單。

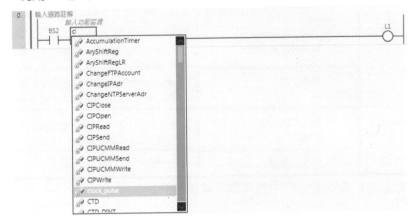

② 輸入實例及變數後即完成作業。

（請確認「Clock_pulse」是否存在於功能區塊中。）

（參考）

如欲顯示來源，請在庫索引對話框上按一下右鍵，然後再選擇「顯示源」。

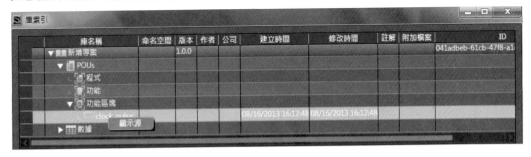

5-4 安全功能

■ 安全功能概述

NJ 系列包含以下 6 種安全功能。

目的	名稱	概要
①防止資產盜用	1. 使用者程式執行用 ID 認證	此功能僅限於執行程式的 CPU 模組本體
	2. 不需使用者程式復原資訊的傳送	此功能禁止 CPU 模組讀取使用者程式
	3. 保護整個專案檔	此功能要求開啟專案檔案時，必須輸入密碼
	4. 數據保護	此功能要求使用者在執行 CAM 數據、以 POU 為顯示單位或複製等動作時，必須輸入密碼
②防止錯誤操作	1. 操作權限認證	此功能可針對 5 種操作權限等級（管理者、保全者等）分別設定密碼
	2. 防寫入保護	此功能可防止意外傳送程式

接下來，將針對上述 6 項安全功能中的其中 3 項加以介紹。

● 使用者程式執行用 ID 認證功能

利用「執行 ID」即可指定使用者程式所能執行的 CPU 模組。

同樣型號的 NJ 裝置其 CPU 與使用者程式的執行 ID 必須一致，機器才能運轉。

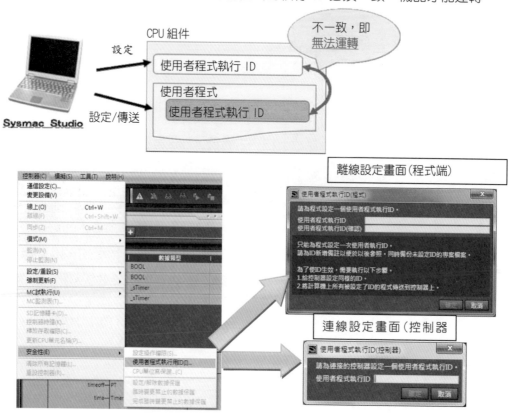

130

● 數據保護功能

此功能可針對用戶程式中需要保護的部分，設定密碼以限制存取。

提供 3 種不同的存取限制等級以供選擇。

（完全禁止複製、顯示、變更/禁止顯示‧變更/禁止變更）

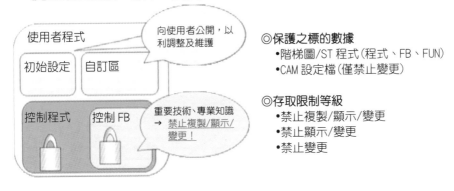

◎保護之標的數據
- 階梯圖/ST 程式（程式、FB、FUN）
- CAM 設定檔（僅禁止變更）

◎存取限制等級
- 禁止複製/顯示/變更
- 禁止顯示/變更
- 禁止變更

以下為 Program1 之保護設定範例。

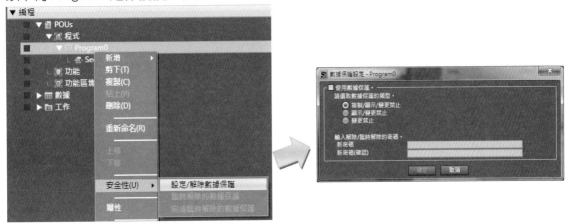

- 防止操作錯誤功能

  如下圖所示，操作權限名稱共有 5 種層級。

  每種操作權限各有密碼，只有管理者能進行設定。

  設定時，需將 Sysmac Studio 連線，並針對不同的操作權限輸入您所要設定的密碼。

  此外，如需變更模式或透過同步來傳送程式，或是線上編輯等時，則需使用保全者以上的操作權限。

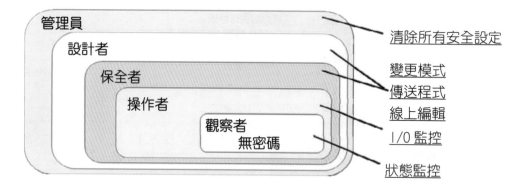

設定時需設定為連線狀態。

第6章

利用ＳＴ語言編寫程式

本章將介紹編寫 ST 程式之基本原則。

6-1 何謂「ST 程式」

6-1-1 ST 概述

ST（Structured Text）語言是一種適合作為運算處理及資訊處理的文字語言。

就連複雜的數值運算處理也能像數學公式般呈現出來，這讓過去階梯圖程式所不易實現的運算及控制圖文等程式研發及維護作業變得更加容易。

```
2  lim_H := std_value + kyoyou_chi ;      (*上限值=基準值+公差值*)
3  lim_L := std_value - kyoyou_chi;       (*下限值=基準值-公差值*)
4
5  IF (hikaku_chi > lim_L) AND (hikaku_chi < lim_H) THEN
6      good_item := TRUE;
7      ng_item := FALSE;
8
9  ELSE
L0     ng_item := TRUE;
L1     good_item := FALSE;
L2  END_IF;
```

陳述式（IF ～ END_IF）

保留字（TRUE、FALSE）

註解

// ...

6-1-2 ST 程式之優點

1. 高敘述能力（比階梯圖高 8 倍[※]！可處理運算式、數據處理、結構體等）
2. 高可讀性（比階梯圖高 11 倍[※]！尤其是運算式、條件分歧式等）（顯示效率比階梯圖高 25 倍[※]！）
3. 高移植性（在符合 IEC 61131-3 規格的軟體間具有高移植性）
4. 編輯簡易性（利用文字編輯器即可編輯）
5. 可在階梯圖中進行 ST 敘述（內嵌 ST 可憑直覺敘述算術式）

    [※]以上數據係在特定條件下所完成之結果，並非所有條件下皆能產生同樣結果。

    ⇨可縮短研發時間

6-1-3　ST 編輯器概述

■ 新增 ST 程式

① 進入多檢視瀏覽器，依序選擇[程式]－[POU]，並在[程式]上按下右鍵，接著從選單中選擇[新增]－[ST]。

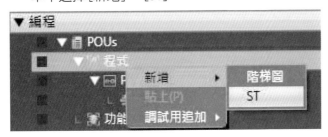

② [Program1]就會被新增到[程式]項目下方。（也請登錄 Task）
雙擊[Program1]，即可開啟編輯器畫面。

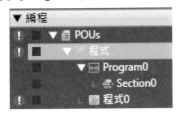

■ ST 編輯器畫面

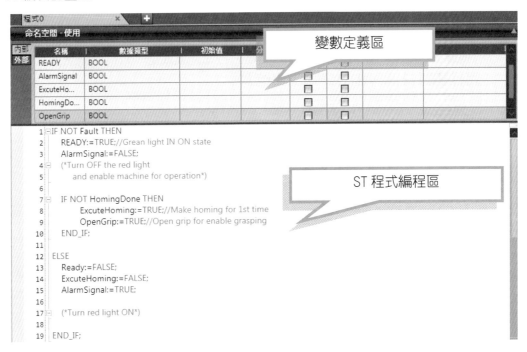

135

6-1-4 ST 語言敘述之基本語法

① 要將數值代入變數時，需使用符號「:=」。

```
Ready:=FALSE;
ExecuteHoming:=FALSE;
AlarmSignal:=TRUE;
```

② 每一個式子的末尾需加上分號「;」。

```
Ready:=FALSE;
ExecuteHoming:=FALSE;
AlarmSignal:=TRUE;
```

③ 為了讓程式更易判讀，變數間亦可利用空白或 Tab 來區隔。

```
Signal := Power AND Enable AND NOT Fault ;              //Check signal avalability
Position:= Encodervalue * UserUnits  / Increments;  //Read position in usr units
```

④ 式子可分多行敘述。

式子可中途換行(↵)，不過式子末尾必須加上「;」。

```
SafetyChain:=    (Sensor_1 AND Sensor_2 AND NOT Sensor3)
                 AND (PowerEnable AND NOT StandStill OR MotorDisabled OR Compressor)
                 OR(MainsSupply AND PowerSupply OR SecondarySupply)
                 AND NOT (SafetyRelays OR SecurityLatch OR SafetyStop) ;
```

⑤ 變數編輯器不會區分變數名稱英文字母的大小寫。

（根據 IEC 61131-3 規範）不過，若從是否容易判讀或是一致性的觀點來看，建議您採用相同變數名稱即進行相同敘述的作法。

```
Signal := Power AND Enable AND NOT Fault ;
Position:= Encodervalue * UserUnits  / Increments;        不建議

IF SIGNAL AND position>1000 THEN
    OutBounds:=TRUE;
END IF;


Signal := Power AND Enable AND NOT Fault ;
Position:= Encodervalue * UserUnits  / Increments;

IF Signal AND Position>1000 THEN                          敘述最好保持
    OutBounds:=TRUE;                                      一致性
END_IF;
```

⑥ 註解可新增在 ST 程式中的任何一個位置。註解需以括弧及前後星號「(*……*)」來表示，而且可分多行敘述。

```
AlarmSignal:=TRUE;      (*Turn red light ON*)

(*Lights must be ON in while machine is not
in ready state ready *)
```

⑦ 若註解只有 1 行，可使用「//」符號，從「//」到換行為止的所有敘述皆為註解。

```
IF NOT HomingDone THEN
    ExecuteHoming:=TRUE;//Make homing for 1st time
    OpenGrip:=TRUE;      // Open grip for enable grasping
END_IF
```

(參考)
若您不想自己輸入(*…*)，不妨使用註解選取部分功能。

① 選擇您所要加上註解的文字
並按一下右鍵，接著點選註
解選取部分。

② 系統就會自動插入(*…*)。

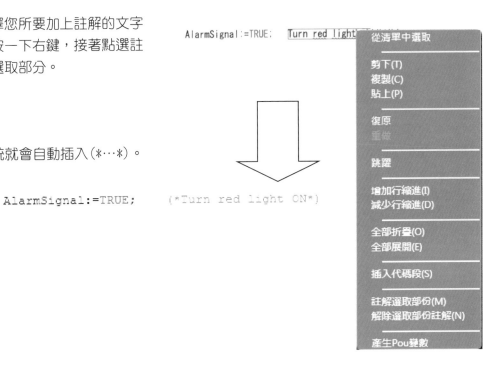

137

6-1-5 變數名稱敘述規則

① ST 語言所使用下列字為保留字，使用者禁止在變數名稱中使用該保留字。

> AND, BY, CASE, DO, ELSE, ELSIF, EXIT, FALSE, FOR, IF, NOT, OF, OR, REPEAT,
> RETURN, THEN, TO, TRUE, UNTIL, WHILE, XOR, END_IF, END_WHILE, END_CASE,
> END_REPEAT

② 特殊字元不得用來定義變數，但底線（「_」）可用來當作變數名稱。（※第 1 個字元除外）此外，漢字亦可作為變數名稱。

> <=, >=, <>, :=, .., &, (*,*), %,$,@...

③ 系統中已事先定義好的數據類型、使用者定義類型皆不得作為變數名稱。

> USINT, SINT, BYTE, UINT, INT, WORD, REAL, DINT, UDINT, DWORD, LREAL, LINT,
> ULINT, LWORD

USINT 登錄為變數之範例

6−2 練習編寫 ST 程式（四則運算）

6-2-1 運算子

■ 編寫 ST 程式時所使用的運算子清單

（　）	變更運算順序	Value:=(1+2) *(3+4); // Value 為 21
		優先順序： () * / +−	

**	次方	Value:= 2**8 ;	// Value 為 256
NOT	邏輯負值	Value:=NOT TRUE;	// Value 為 FALSE
*	乘法運算	Value:=8 * 100;	// Value 為 800
/	除法運算	Value:=200 / 25;	// Value 為 8
+	加法運算	Value:=200 + 25;	// Value 為 225
−	減法運算	Value:=200 - 25;	// Value 為 175
MOD	餘數	Value:=10 MOD 6;	// Value 為 4
<, >, <=, >=	比較	Value:= 60 > 10;	// Value 為 TRUE
=	等式	Value:= 8=7;	// Value 為 FALSE
<>	不等式	Value:= 8<>7;	// Value 為 TRUE
&, AND	邏輯及閘	Value:=2#1001 AND 2#1100;	// Value 為 2#1000
XOR	邏輯互斥或閘	Value:=2#1001 XOR 2#1100;	// Value 為 2#0101
OR	邏輯或閘	Value:=2#1001 XOR 2#1100;	// Value 為 2#1101

6-2-2 練習編寫 ST 程式

在第 2-1 節中，我們利用階梯圖，建立一個以角度來換算弧度的功能，此種運算處理適合 ST 語言使用。

接下來，就讓我們利用 ST 程式來建立一個能以角度來換算弧度的功能區塊吧！

【程式】　rad＝deg*3.141592/180

【變數】　rad：弧度　deg：角度　PI：圓周率(初始值 3.141592)

① 進入多視窗瀏覽器，依序選擇[編程]－[POUs]，並在[功能區塊]上按下右鍵，接著由選單中選擇[新增]－[ST]。

② 將[功能區塊 0]變更為「Deg_to_rad_ST」，並雙擊該選項。

③ 將內部變數與輸出/輸入變數登錄至變數表中。

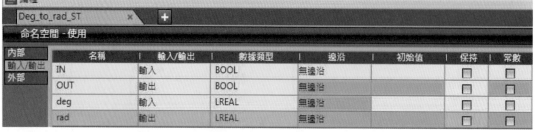

④ 將程式輸入 ST 編輯器。輸入變數名稱的起始字元 r，下拉式選單上就會出現變數的候選字。

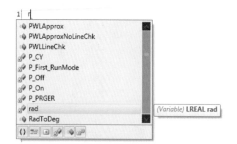

⑤ 輸入冒號「:」後，系統就會自動輸入代入符號「:=」

rad:=

⑥ 將式子輸入完成。

rad:=deg*PI/Lreal#180.0

⑦ 式子末尾輸入分號「;」。

rad:=deg*PI/Lreal#180.0;

〈參考〉
未登錄的變數將會以雙線顯示。
請點擊游標及圖示符號，以登錄變數。

rad:=deg*PI/Lreal#180.0;　⟹　rad:=deg*PI/LREAL#180.0;
　　　　　　　　　　　　　　　　　　　　　　　　☑
　　　　　　　　　　　　　　　　　　　　　　產生變數「PI」

※功能區塊已經建立完成。

■ 確認動作
① 進入多檢視瀏覽器，選擇[編程]－[POU]－[程式]－[Program0]，並雙擊[Section0]
後輸入程式。

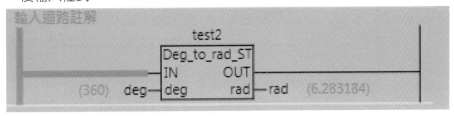

② 進入監視視窗，將數值輸入「deg」中，並確認「rad」的數值。

名稱	線上值	修改	數據類型
▶ Program0.test2			Deg_to_rad_ST
Program0.deg	360	360	LREAL
Program0.rad	6.283184		LREAL
輸入名稱...			

6-3 ST 程式(控制語法)

本章將針對控制語法(IF、CASE、FOR) 進行介紹

(1)條件

 IF‥THEN‥‥ELSE‥‥END_IF

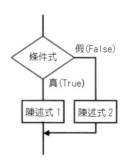

(2)分岐

 CASE‥OF‥‥END_CASE

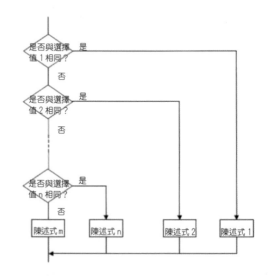

(3)條件式迴圈

 FOR‥ (BY) ‥ DO‥END_FOR

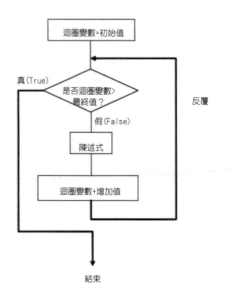

6-3-1 條件(IF)

■單一條件： IF .. THEN ... END_IF

1. 若條件式的評估結果為真(TURE)，程式就會執行 IF…THEN 及 END_IF 之間的陳述式。
2. 若條件式不成立，程式將執行 END_IF 後面的陳述式，而不執行條件式。

```
IF <條件式> THEN
    <陳述式>;
END__IF;
```

● 使用範例

```
1   state:=0;                            //state代入0
2 ⊟IF enable AND NOT power on THEN       //如果enable為TRUE、power on為FALSE
3     state:=10;                         //state代入10
4 ⌊ END_IF;
5 ⊟value:=state;                         (*上述為TRUE時value=10,
6 ⌊                                          FALSE時value=0*)
7
```

若希望在條件式不成立的狀態下，執行其他陳述式，就必須加上 ELSE 的敘述。

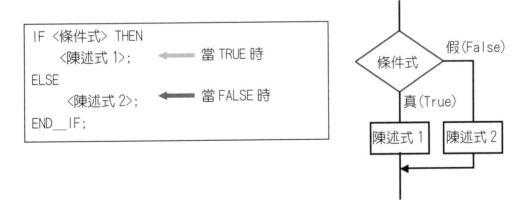

```
IF <條件式> THEN
    <陳述式 1>;    ⟵ 當 TRUE 時
ELSE
    <陳述式 2>;    ⟵ 當 FALSE 時
END__IF;
```

若條件式為真(TRUE)，程式就會執行 IF <條件式> THEN 與 ELSE 之間的陳述式。若條件式為假(FALSE)，程式則會執行位於 ELSE 與 END_IF 之間的陳述式 2。

143

■多分支條件： IF .. THEN .. ELSIF .. END_IF

```
IF <條件式 1> THEN <陳述式 1>;
  ELSIF <條件式 2> THEN <陳述式 2>;
  ELSIF <條件式 3> THEN <陳述式 3>;

        . . .

  ELSIF <條件式 n> THEN <陳述式 n>
ELSE <陳述式 m>;
```

1. 若條件式 1 成立(TRUE)，程式就會執行陳述式 1。
2. 若條件式 1 為假(FALSE)，程式就會開始評估以下 ELSIF 的條件式，若條件不成立，程式將會繼續評估後面的 ELSIF 條件式。
3. 若所有條件皆不成立，程式就會執行 ELSE 後面的陳述式 m。

● 使用範例

```
1  IF enable AND NOT power on THEN      //如果enable為TRUE、power on為FALSE
2      state:=10;                        //state代入10
3  ELSIF NOT enable AND power on THEN   //如果條件式為FALSE，下一條件式評估
4      state:=20;
5  ELSIF enable AND power on THEN
6      state:=30;
7  ELSE
8      state:=0;
9  END_IF;                               //任何一個條件都不成立時，代入0
10
```

將 IF 語法變更為巢狀式(IF 字串中還有 IF 字串)的結構。
1. 要變更為巢狀式的結構前，必須先確認 IF 和 END_IF 是否成對。
2. 為了避免錯誤發生，建議您最好利用縮排的方式，讓每個 IF 字串一目瞭然。

```
IF Enable AND NOT PowerON THEN
    State:=10;
    IF Temperature >100 then
        Frezzer:=TRUE
    ELSE
        Frezzer:=FALSE;
        IF Setpoint>0 THEN
            EnableConveyor:=TRUE;
            State:=20;
        ELSE
            EnableConveyor:=FALSE;
            State:=40;
        END_IF
    END_IF

ELSIF Enable AND PowerON and Setpoint>20 THEN
    Feeder:=TRUE;
    Speed:=200;
ELSE
    Feeder:=FALSE;
    Speed:=0;
    EnableConveyor:=FALSE;
END_IF;
```

144

6-3-2 分歧(CASE)

■分歧： CASE..OF…ELSE..END_CASE
　　1. 程式會先評估式子是否為整數式，然後再執行與該數值一致的選擇值後方的陳述式。
　　2. 倘所有的條件皆不成立，程式就會開始執行 ELSE 以後的字串。

```
CASE <整數式> OF
    <選擇值 1> : <陳述式 1>;
    <選擇值 2> : <陳述式 2>;
        ...
    <選擇值 n> : <陳述式 n>;
ELSE <陳述式 m>;
END__CASE;
```

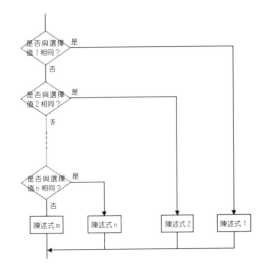

● 使用範例 1

```
1  CASE state OF
2      10:setpoint:=45;          //state=10時setpoint代入45、cooler代入TRUE
3          cooler:=TRUE;
4      20:setpoint:=65;          //state=20時執行
5          cooler:=FALSE;
6      IF speed>200 THEN         //speed>200時 ，state代入30
7          state:=30;
8      END_IF;
9
10     30:setpoint:=95;          //state=30時執行
11         cooler:=TRUE;
12         speed:=100;
13 ELSE
14     speed:=0;                 //所有條件都不成立時，speed代入0
15 END_CASE;
```

(注意)
若條件在程式評估過程中出現變化，結果將會被反映在下一個執行週期上。

145

- 使用範例 2（枚舉類型使用範例）

枚舉類型宣告

變數宣告

```
 1 ⊟CASE state OF
 2
 3     low:
 4         setpoint:=45;          //state=low時執行
 5         cooler:=TRUE;
 6
 7     medium:
 8         setpoint:=65;          //state=medium時執行
 9         cooler:=FALSE;
10 ⊟     IF speed>200 THEN
11             speed:=30;
12         END_IF;
13
14     high:
15         setpoint:=95;          //state=high時執行
16         cooler:=TRUE;
17         speed:=100;
18
19   ELSE
20     speed:=0;                  //所有條件都不成立時，speed代入0
21
22 END_CASE;
```

- 在 CASE⋯OF⋯END_CASE 語法中，用來判定其與多個數值是否一致的選擇值相關敘述如下。

```
 1 ⊟CASE A OF
 2         1:X:=1;       //A=1時執行
 3
 4         2,5:X:=2;     //A=2或5時執行
 5
 6         6..10:X:=3;   //A從6到10時執行
 7
 8   11,12,15..20:X:=4;  //A=11或12或從15到20時執行
 9
10   ELSE
11
12     X:=0;             //全部的條件都不成立時代入0
13
14 END_CASE;
```

146

6-3-3 條件式迴圈(FOR)

■條件式迴圈語法:FOR.. (BY) .. DO..END_FOR

```
FOR <迴圈式變數> :=
  <初始值> TO <最終值之式子>
  BY <增加值之式子>
      DO
      <陳述式>;
END_FOR ;
```

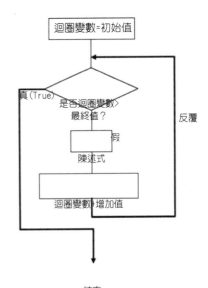

FOR..END_FOR 中的陳述式會在迴圈變數從初始值達到最終值時之間執行。

當迴圈式變數到達最終值時,控制動作就會移到 END_FOR 後面的陳述式。

BY 為選項,可用來指定遞增(Increment),若省略不寫,則與 BY1 的意義相同(增加 1)。

【注意】此功能有可能會造成超出工作週期錯誤,編寫時需避免迴圈次數過多的處理作業。

● 使用範例 1

```
1 FOR CountDown:=100 TO 0 BY -1 DO
2     value:= value+5 ;        |
3
4     toggle:= NOT toggle;
5
6 END_FOR;
```

● 使用範例 2

若 FOR..END_FOR 語法中並無 BY 的敘述,會以每次加上 1 為預設值。

```
FOR CountDown:=3 TO 56 DO
    value:= value+CountDown ;
END_FOR;
```

147

6-4-1 條件(IF 指令)

實習 請編寫一個具有下列分歧條件的程式。

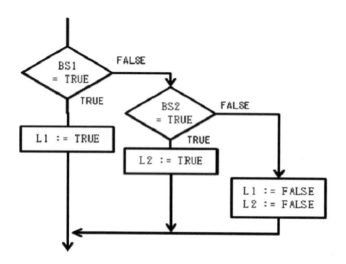

解答 如要根據條件進行分歧處理時，需使用 IF 語法

動作確認 根據以下條件來確認亮燈動作。倘該燈泡已點亮，請畫一個○。

- 只有 BS1 ON　　　　　　　　　　　L1　　　L2
- 只有 BS2 ON　　　　　　　　　　　L1　　　L2
- BS1 先 ON，BS2 後 ON　　　L1　　L2
- BS2 先 ON，BS1 後 ON　　　L1　　L2

(參考)控制語法簡易輸入方式

① 輸入關鍵字的頭文字，並由下拉式選單中選擇正確的選項後，按下 Enter 鍵。

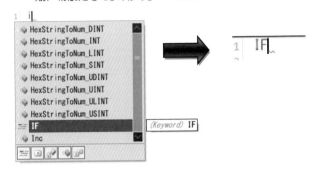

② 關鍵字輸入完成後，只要按下 TAB 鍵，程式就會自動輸入用來敘述 IF 語法之關鍵字。

```
1  IF expression THEN
2      statement_group
3  ELSIF expression THEN
4      statement_group
5  ELSE
6      statement_group
7  END_IF;
```

③ 輸入條件式並按下 TAB 鍵，即可將游標移至下一個輸入項目。

```
1  IF A=1 THEN
2      statement_group
3  ELSIF expression THEN
4      statement_group
5  ELSE
6      statement_group
7  END_IF;
```

6-4-2 分歧(CASE 指令)（參考）

例題 建立一個包含下列控制流程的程式。

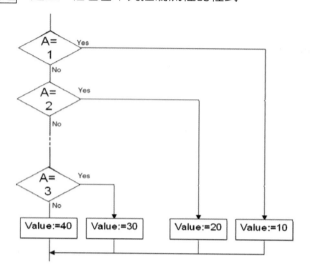

解答範例 選擇多項處理作業時，需使用 CASE 語法。

```
1 ⊟CASE A OF
2       1 : value:=10;
3       2 : value:=20;
4       3 : value:=30;
5  ELSE
6       value :=40;
7  END_CASE;
```

6-4-3 條件式迴圈(FOR 指令)（參考）

例題　產生三角波形訊號，並儲存在 1 ~ 200 的陣列中。

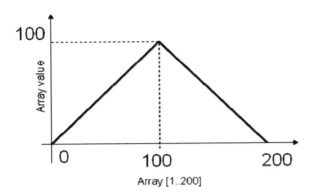

Array [1..200]

解答範例　執行迴圈處理時，需使用 FOR 語法。

```
1
2 FOR index := 1 TO UINT#200 DO
3    IF index <= 100 THEN
4        triangle[index]:=index;
5    ELSE
6        triangle[index]:=200-index;
7    END_IF;
8
9 END_FOR;
```

6-5 內嵌 ST（參考）

6-5-1 內嵌 ST

可於階梯圖中記載 ST 語言之處理演算法。

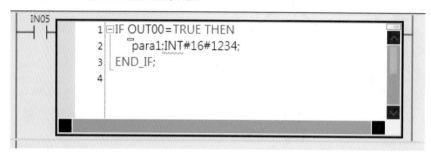

〈使用注意事項〉

· 和階梯圖程式一樣，內嵌 ST 的變數也需要登錄變數表。

· 在內嵌 ST 語言程式中最多可敘述 1000 行，若超過 1000 行，執行程式檢查或編譯時就會出現錯誤。

· 每個回路只能插入 1 個內嵌 ST，若插入 2 個以上時，執行程式檢查或編譯時就會出現錯誤。

· 您無法在內嵌 ST 區和右方母線之間插入回路元件。否則，執行程式檢查或編譯時就會出現錯誤。

6-5-2 輸入內嵌 ST

①選擇您所要插入內嵌 ST 中的連接線，按下右鍵並選擇 [插入內嵌 ST]。

（或是進入工具箱，再由[階梯圖工具]中拖放[內嵌 ST]。）

②內嵌 ST 的回路組件即插入完成。
  輸入程式。

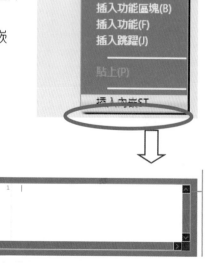

③當內嵌 ST 與右方母線之間出現回路元件時，該元件將會被刪除。

6-5-3　刪除內嵌 ST

① 選擇您所要刪除的內嵌 ST 的回路元件，按下右鍵並選擇[刪除]。（或是按下[Delete（刪除)]鍵。）

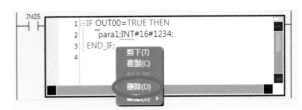

② 即可將內嵌 ST 刪除。

6-6-4　複製/貼上內嵌 ST

① 選擇您所要複製的內嵌 ST 的回路元件，按下右鍵並選擇[複製]。

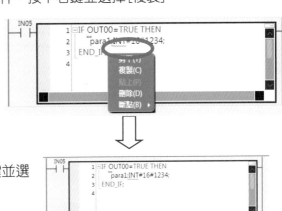

② 選擇您所要貼上的連接線，按下右鍵並選擇[貼上]。

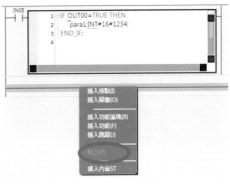

③ 即可將內嵌 ST 元件貼上。

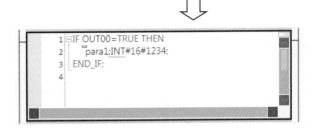

※內嵌 ST 再利用的方法就是剪下/貼上，因此建議您最好將此功能運用在不需要再利用的用途上。

備忘頁

第7章

利用結構體來編程

本章將介紹如何利用結構有效率地編程。

7−1 陣列及結構

7-1-1 何謂「陣列」

所謂「陣列」就是由同樣數據類型所構成的多個數據集合體
最適合用來處理連續的數據。

變數：

配方[0]	WORD 型
配方[1]	WORD 型
配方[2]	WORD 型
配方[3]	WORD 型
配方[4]	WORD 型
配方[5]	WORD 型
配方[6]	WORD 型
配方[7]	WORD 型
配方[8]	WORD 型
配方[9]	WORD 型

要素編號

生產配方數據將會被登錄為10個WORD
類型數據所組成的變數。

7-1-2 何謂「結構體」

所謂「結構體」就是使用者所定義的數據類型。
您可匯整多個數據類型後，登錄為同一個數據類型。

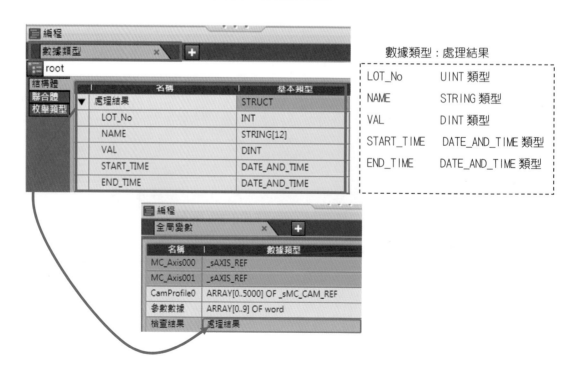

數據類型：處理結果

LOT_No	UINT 類型
NAME	STRING 類型
VAL	DINT 類型
START_TIME	DATE_AND_TIME 類型
END_TIME	DATE_AND_TIME 類型

7-1-3 結構體的優點

■ 提高辨視度

與陣列比較,可以提高變數的辨識度。

(使用陣列)
生產資訊[0]
生產資訊[1]
生產資訊[2]
生產資訊[3]
生產資訊[4]

(使用結構體)
批量編號
裝置名稱
檢查結果
開始時間
結束時間

- 利用陣列編號來辨識時,完全無法識別每項要素。
- 所有的數據類型皆相同,必須透過程式來轉換數據類型,作法較為複雜。

- 利用成員名稱來辨識,程式編寫更輕鬆。
- 可同時處理多種數據類型,完全不需要轉換數據類型。
- 較不容易出現程式錯誤(bug)。

■ 數據類型可再利用
- 利用庫專案,程式即可再利用。
- 結構體可複製/貼上至試算表軟體上。
- 試算表軟體也可將數據複製/貼上到Sysmac Studio上。

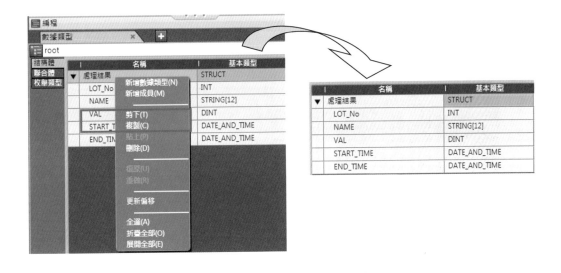

7-2 建立結構體之步驟

7-2-1 生產結果累積範例

建立一個可在每次完成生產作業時，儲存以下生產結果的程式。

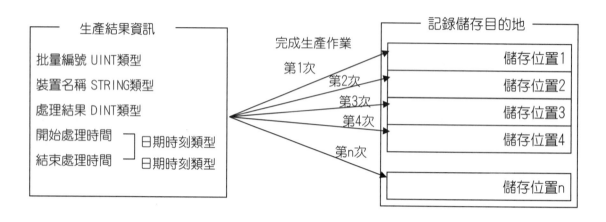

- 將生產結果資訊登錄成為 1 個變數。
- 由於每個要素的數據類型皆異，因此無法使用陣列。

■ 登錄結構體
　①輸入結構體名稱。

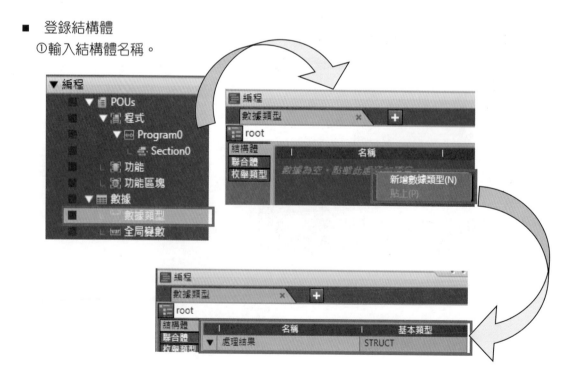

②將成員（組成要素）登錄至已完成登錄的結構體中。

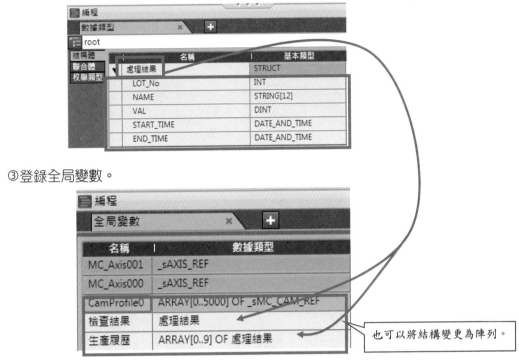

③登錄全局變數。

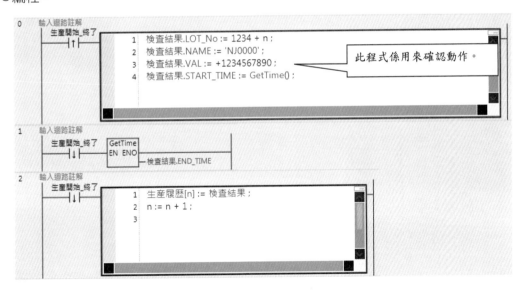

也可以將結構變更為陣列。

④編程。

⑤利用監視視窗來確認動作。

名稱	線上值	修改		數據類型
program0.生產開始_終了	False	TRUE	FALSE	BOOL
生產履歷[0].START_TIME	1970-			DATE_AND_TIME
生產履歷[1].START_TIME	1970-			DATE_AND_TIME
▶ 檢查結果				處理結果

備忘頁

第8章

利用網路變數進行通訊

本章將介紹如何將 NS 與 NJ 互相連接，也就是利用網路變數來進行通訊實習。

8−1 利用網路變數進行通訊

8-1-1 網路變數　實習 1

接下來就讓我們一起來進行簡單的網路變數實習吧！

- 實習的概要

  設備的結構為 NS 和 NJ 以 1:1 連接，並透過 Ethernet/IP 進行通訊。

  - 將 BOOL 型變數設定為 TRUE 後，INT 類型變數就會開始加總（Count up）
  - 將數值直接輸入 INT 型變數後，數值就會改變。
  - NJ 及 NS 數據會在主要固定週期工作時更新。

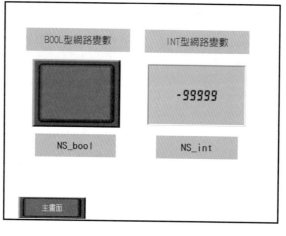

Ethernet/IP

NJ(Sysmac Studio)

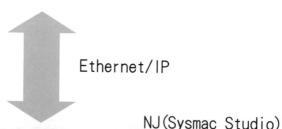

名稱	線上值	修改		數據類型	分配到
NS_bool	False	TRUE	FALSE	BOOL	
Program0.NS_int	0			INT	

■ 整個作業流程

利用網路變數(Tag 訊息)來啟動通訊作業之步驟如下。

NJ 端設定項目	包含可用來執行 Tag 訊息通訊之設定，以及可輸出數據之設定。
▼	
NS 端設定項目	執行 NS 端通訊設定並建立畫面。
▼	
動作確認	確認 Tag 訊息的通訊動作。

■ NJ 端設定項目

首先需執行 NJ 端設定。設定步驟如下：

啟動 Sysmac Studio 並連線	啟動 Sysmac Studio 並建立專案。
▼	
設定 NJ 的 IP 位址	可設定 NJ 的 IP 位址。
▼	
登錄 NJ 網路變數	登錄網路變數。
▼	
變數設定排除控制	設定 Task，以更新變數數據。
▼	
建立程式	建立一個可用來確認 Tag 訊息動作的程式。
▼	
將參數從 Sysmac Studio 傳送至 NJ	與 NJ 同步設定參數。

■ 設定 NJ 的 IP 位址

開啟事先建立好的 Sysmac Studio 檔案「NW 變數實習(資料區間)」。

接著設定(確認)NJ 的 IP 位址。

① 進入多檢視瀏覽器後，依序點擊[配置和設定]－[控制器設定]後，雙擊[內置 EtherNet/IP 通訊埠設定]。

② 雙擊[TCP/IP]鍵。

③ 依下圖所示設定[IP 位址]。

[固定 IP]：選擇

[IP 位址]：192.168.250.1

[子網遮罩]：255.255.255.0

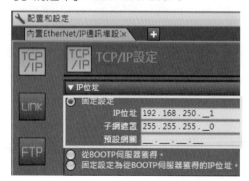

■ 登錄 NJ 網路變數

登錄網路變數。

① 進入多檢視瀏覽器後，依序點擊[編程]-[數據]後，雙擊[全局變數]。

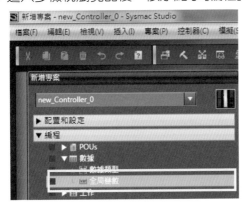

② 全局變數數據表將出現在程式層。

③ 在全局變數數據表上按一下右鍵後，點擊[新增]。

④ 登錄網路變數。

請依下表所示登錄網路變數。

名稱	數據類型	網路公開
NS_bool	BOOL	公開
NS_int	INT	公開

■ 變數 Task 之間的設定排他控制

將變數更新週期設定為與主要固定週期 Task 同步。

① 進入多檢視瀏覽器，點擊 [配置和設定] 並雙擊 [工作設定]。

② 按下 [VAR] 鍵。

③ 點擊主要固定週期工作的 [+] 鍵，即可登錄新變數。

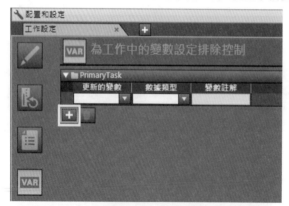

166

■ 建立程式

建立一個簡單、可用來確認動作的程式。

① 進入多檢視瀏覽器,依序點擊[編程]-[POU]-[程式]-[Program0],並雙擊 [Section0]。

② 系統就會建立下列程式。

此程式可用來檢測接點 NS_bool 上微分是否動作,並在 NS_int 加 1。

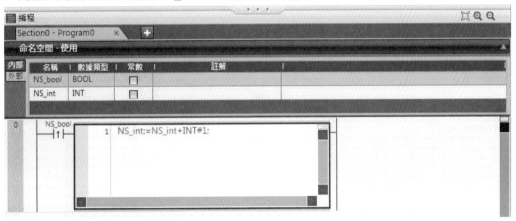

③ 設定完成的專案將會由 Sysmac Studio 傳送至 NJ。

■ NS 端設定流程

執行 NS 端設定時，設定步驟如下：

啟動 CX-Designer	啟動 CX-Designer 並建立專案。

▼

NS 通訊設定	執行通訊設定並登錄主機。

▼

將網路變數由 Sysmac Studio 複製至 CX-Designer	將 Sysmac Studio 所登錄的網路變數複製至 CX-Designer。

▼

建立 NS 畫面	利用 CX-Designer，將網路變數所使用的元件配置在畫面上。

▼

將設定及建立完成的畫面傳送至 NS	將建立完成的畫面傳送至 NS。

■ 啟動 CX-Designer

啟動 CX-Designer 並建立專案。(實習時,請開啟事先建立好的「NW 變數練習」檔案)

① 啟動 CX-Designer。

② 建立新的專案。

由選單列上依序選擇[檔案]-[建立新檔]。

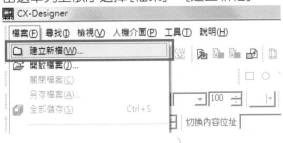

③ 進入[建立新檔案]對話框,執行下列設定後,點擊[確定]鍵。

[型號]:[NS8-TV0□- V2]

[系統版本]:[8.6]
[檔案標題]:任意
[檔案名稱]:任意
[位置](儲存位置):任意

④ 待畫面上出現對話框後,按下[確定]鍵。

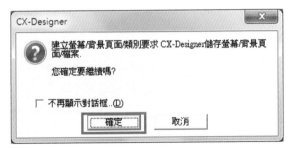

⑤進入[新畫面]對話框，進行下列設定後，點擊[確定]鍵。

[編號]：任意

範例：0

[標題]：任意

範例：螢幕頁面 0000

⑥ 畫面將顯示如下：

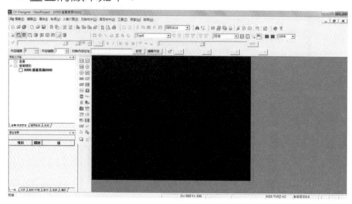

（畫面建立完成後，即完成實習檔案。）

■ NS 通訊設定

執行 NS 通訊設定，並新增主機。

① 執行 NS 通訊設定。

請由選單列依序選擇[人機介面]－[通訊設定]。

② 畫面上將出現[通訊設定]對話框。

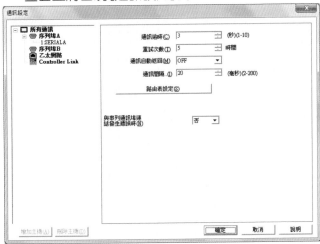

③ 進入[通訊設定]對話框，並在[序列埠 A]所登錄的主機名稱上按一下右鍵後，
選擇[刪除]。

④ 進入[通訊設定]對話框,並在[乙太網路]上按一下右鍵,接著選擇[增加]後,
　　即可新增主機。

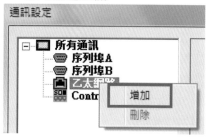

⑤ 進入[通訊設定]對話框,即可開始執行新增主機的設定。
　　　[主機名稱]:任意
　　　範例:HOST3
　　　[主機類型]:SYSMAC-NJ
　　　[IP 位址]:192.168.250.1

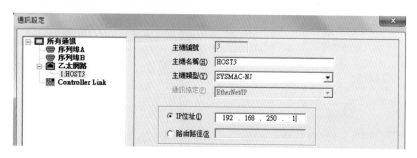

⑥ 進入[通訊設定]對話框並選擇[乙太網],接著設定下列 NS 相關項目後,點擊
　　[確定]鍵。
　　[乙太網]:使用
　　[網路位址]:任意
　　[節點位址]:任意
　　[UDP 通訊埠編號]:任意
　　[LAN 速度]:10/100 BASE-T
　　　　　　　　自動切換
　　[IP 位址]:<u>192.168.250.2</u>
　　[子網路遮罩]:255.255.255.0
　　[預設閘道]:任意
　　[IP Proxy 位址]:任意

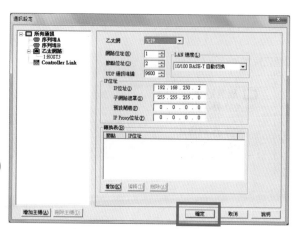

■ 將網路變數由 Sysmac Studio 複製至 CX-Designer

將 Sysmac Studio 所登錄的網路變數登錄至 CX-Designer 中。

① 從 Sysmac Studio 匯出網路變數。

進入 Sysmac Studio 多檢視瀏覽器後，依序點擊 [編程] － [數據] 後，雙擊 [全局變數]。

② 在 [全局變數] 畫面中按一下右鍵，並選擇 [全選]。

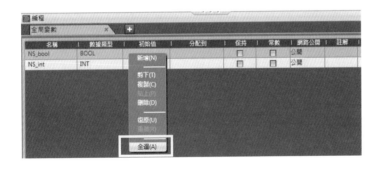

③ 在選單列上依序選擇 [工具] － [匯出全局變數] － [CX-Designer]。

④ 將網路變數匯入 CX-Designer。

進入 CX-Designer 並依序選擇[檔案工作區]－[通用設定]索引標籤，接著雙擊[變數表]。

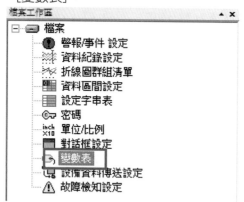

⑤ 在[變數表]上按一下右鍵，並點選[貼上]。

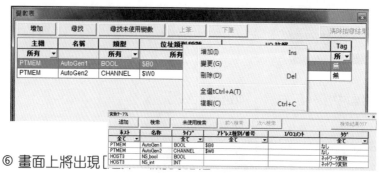

⑥ 畫面上將出現[

選擇已經完成通訊設定的主機，並點擊[確定]鍵。

⑦ 確認網路變數是否已經被貼在變數表上。

⑧ 雙擊畫面元件，並將網路變數(NS_bool、NS_int)分別配置在不同的通訊位址上。

⑨ 關閉變數表。

■ 傳送 NS 畫面

① 利用 USB 纜線連接電腦及 NS。

② 傳送檔案。

從 CX-Designer 選單列上，依序選擇[人機介面]－[傳輸]－[傳送到人機]。

③ 選擇[是，全部]。

④ 按下[設定]鍵。

⑤ 進入[Comms.Method（Common）]對話框，並選擇[通訊方法]中的[USB]選項。
點擊[確定]鍵，關閉[Comms.Method（Common）]對話框。

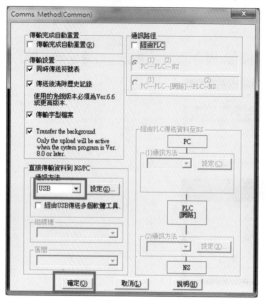

⑥ 點選[是]。

畫面上將出現[傳送 PC 到人機]對話框。

⑦ 點擊[確定]鍵，並重新啟動 NS。

NS 端設定作業已完成。

■ 確認動作

確認 NS 和 NJ 之間是否已經執行 Tag 訊息通訊。

① 輸入 Sysmac Studio 監視視窗的名稱欄。

Program0. NS_bool（Program0 可省略）

Program0. NS_int

② 將 Sysmac Studio 連線，並將 NS_bool 設定為「TRUE」。
　 確認 NS_int 是否已經被加上 1。

③ 確認 NS 端是否也出現同樣的數據。

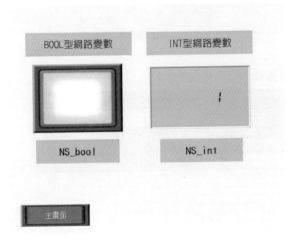

④ 進入監視視窗並將 NS_bool 設定為「FALSE」。
　 此設定與 NS 端互相連動，畫面也將隨之更新。

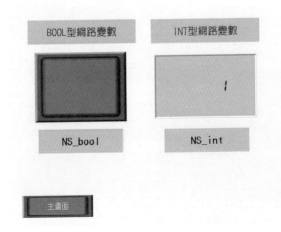

⑤ 接下來由 NS 端來執行動作。
按下 NS 上的 NS_bool 鍵。
確認 NS_int 是否已經被加上 1。

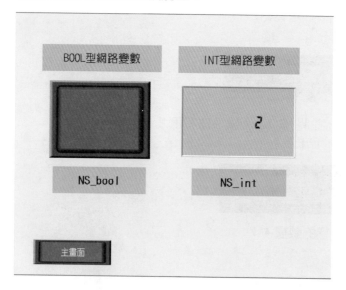

⑥ 確認 NJ 端是否也出現同樣的數據。

8-1-2 網路變數　實習 2（資料區間）

接下來，將利用資料區間，練習如何將數據從 NS 傳送至 NJ。

■　何謂「資料區間」

所謂「資料區間」就是可同時寫入/讀取多個數值或字串的一項功能。此功能可讓 NS 端（主機記憶體或記憶卡）儲存裝置換線作業時所需要的所有數據，而且僅在需要的時候傳送所需的數據。

如此一來，就能精簡 NJ 端記憶體，同時讓程式更簡單化。

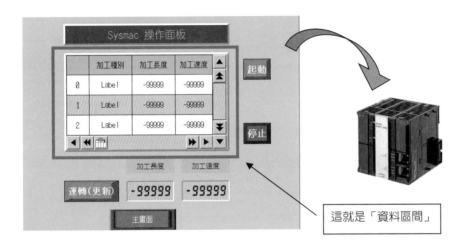

- 「資料區間」為 CSV 格式，可透過電腦進行編輯及管理。
- 數據亦可透過 NS 主機進行編輯。
- 可將數據寫入 NS 記憶卡或是從記憶卡讀取數據。
- 可處理數值或字串

■　欄位及記錄

「資料區間」係由欄位及記錄所組成。每個欄位可分別設定不同的通訊位址及數據格式。記錄則為每個欄位的數據集合體。

若要將資料區間從 NS 傳送到 NJ 時，請由資料區間中選擇您所要設定的記錄，然後再開始寫入。

編號		0	1
欄位名稱		加工長度	加工速度
位址		HOST3:	HOST3:
資料格式		數值	數值
0	1	150	50
1	2	300	100
2	3	150	80
3	4	450	150
4	5	300	200
5	6	600	250

記錄

欄位

179

■ 資料區間的設定

本節將針對事先完成的資料區間來進行設定（確認）。

①由檔案工作區的「通用設定」索引標籤上，點擊資料區間。

　進入資料區間設定視窗並點擊「編輯」。（如為新的資料區間，請選擇「增加」）

②請確認記錄設定及資料區間是否如下列畫面所示，接著再設定通訊位址。

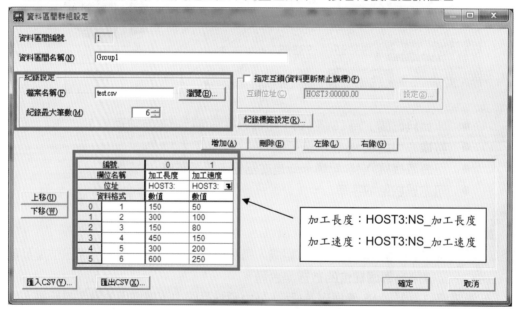

加工長度：HOST3:NS_加工長度

加工速度：HOST3:NS_加工速度

■ 建立畫面

① 本節將利用事先作好的畫面來確認資料區間表。

（如果要在畫面上建立資料區間表格，請點擊「 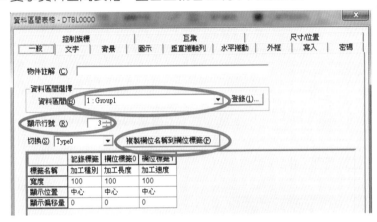 」即可開始建立表格。）

② 雙擊資料區間表格，畫面上就會出現下列對話框。

③ 如欲寫入通訊位址，請勾選下列核取方塊。

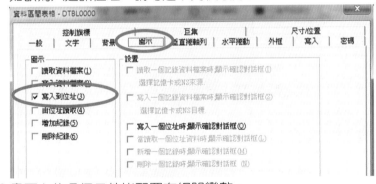

④ 畫面上的各個元件皆配置有網路變數。

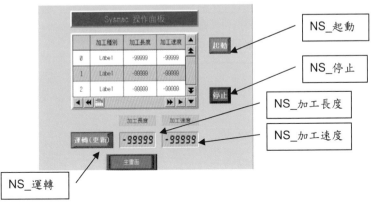

181

■ 動作確認

①NJ 端將傳送下列程式。

(檔案名稱：NW 變數實習(資料區間))

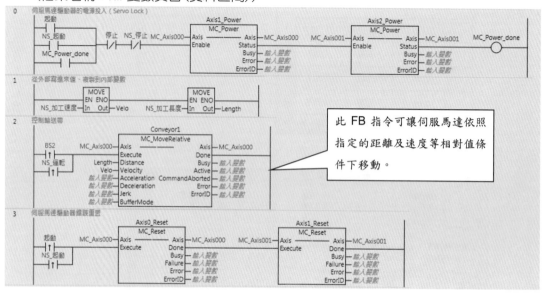

此 FB 指令可讓伺服馬達依照指定的距離及速度等相對值條件下移動。

④請進入 NS 畫面，並執行下列操作動作。

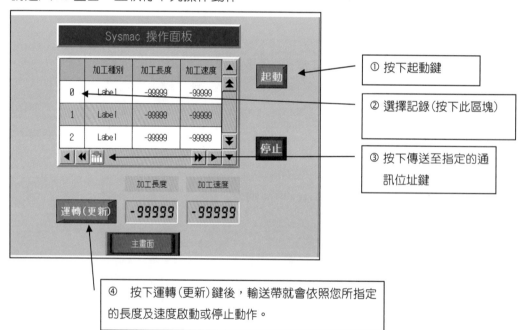

① 按下起動鍵

② 選擇記錄(按下此區塊)

③ 按下傳送至指定的通訊位址鍵

④ 按下運轉(更新)鍵後，輸送帶就會依照您所指定的長度及速度啟動或停止動作。

8-2 故障排除功能

所謂「故障排除」功能就是利用 NJ 系列的 CPU 組件異常監控功能，讓 CPU 模組等所發生之異常狀態顯示在 NS 主機上。

讓您不需要特別設計程式及畫面，即可掌握 NJ 狀態。

8-2-1 操作順序

① 叫出 NS 系統畫面。同時按壓 NS 主機 4 個角的任意 2 點。

按壓 4 個角的
任意 2 點。

② 從系統選單的「特殊畫面」索引標籤的特殊功能中，選擇「Troubleshooter(NJ)」，接著按下「開始」鍵。

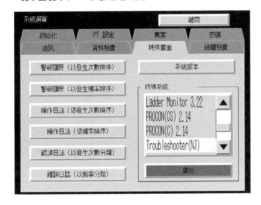

③ 即可顯示故障排除畫面。

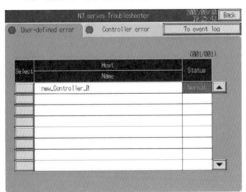

183

④確認異常狀態（拔除 EtherCAT 纜線）

按下 Controller error 標籤，接著再按下 Event source 的「Select」鍵，畫面上就會出現該功能模組的事件發生來源詳細。選擇 Event source 的詳細數據清單後，螢幕上就會出現清單檢視畫面。

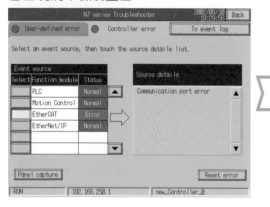 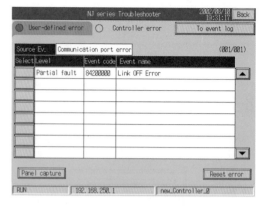

⑤確認異常內容詳細數據

要瞭解異常原因及因應方法，請進入清單檢視畫面並按下「Select」鍵。
畫面上就會出現您在清單檢視畫面中所選擇的異常原因及因應方法。

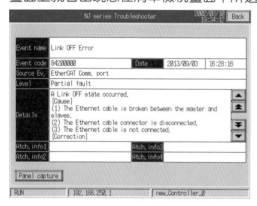

⑥解除異常狀態（連接 EtherCAT 纜線）

當您針對所有發生的異常項目，完成處理作業後，只要進入清單檢視畫面，並按下「Reset error」鍵，即可解除所發生的所有異常。
（若異常持續發生，畫面上將再次出現錯誤訊息）

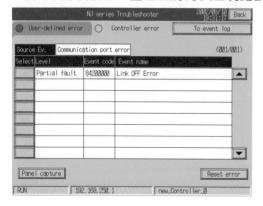

(參考)清除控制器記憶體所有數據之步驟

① 請先連線並設定為編程模式。

② 請由選單列選擇[控制器]－[清除所有記憶體]。

⑤ 按下「確定」鍵。

備忘頁

第9章

應用範例

本章將介紹三種範例，可供參考。

9－1 原料槽系統

9-1-1 系統構成

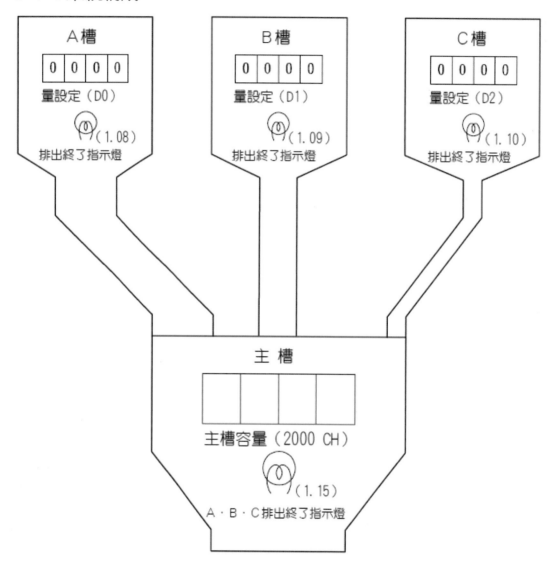

操作說明：

(1)各原料槽的排出量，累積顯示在主槽容量區。

(2)按下啟動開關，各槽的閥門一起開啟，原料流入主槽；此時，因各閥門粗細不一，
　　流入速度也不同。(用時間差模擬)

　　A槽 ->20ms　B槽->100ms　C槽->10ms(各槽流入速度所需時間)

(3)主槽容量顯示在7節顯示器上。

(4)各槽排出終了後，排出終了指示燈各自亮燈。

(5)各槽全部排出結束後，A、B、C排出終了指示燈燈亮，5秒後4個指示燈全部熄滅。

9-1-2 參數設定

1) 輸出入變數

啟動閥門	Start_Valve
A 槽閥門	A_Valve
B 槽閥門	B_Valve
C 槽閥門	C_Valve
A 槽排出終了指示燈	A_Endlamp
B 槽排出終了指示燈	B_Endlamp
C 槽排出終了指示燈	C_Endlamp
ABC 排出終了指示燈	ABC_Endlamp
顯示主槽容量	Capacity_display

2) 排出量資料區

A 槽排出量資料	A_Excretion
B 槽排出量資料	B_Excretion
C 槽排出量資料	C_Excretion

(執行程式前，先設定其內容值)

3) CPU 擴充機架設定

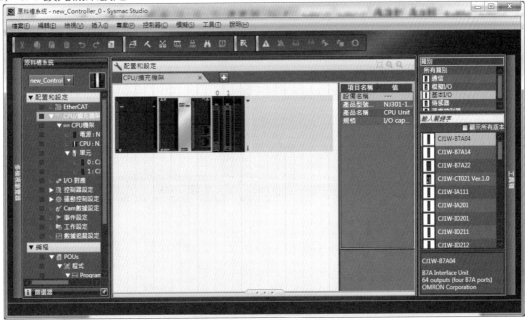

4) I/O 對應 Input 模組變數設定

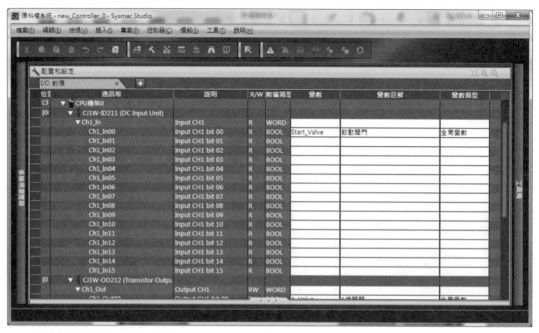

I/O 對應 Output 模組變數設定

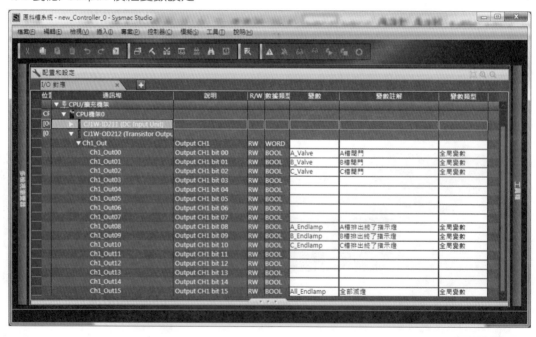

5) 主要變數（內/外部變數）

內部變數

名稱	數據類型	初始值	分配到	保持	常數	註解
W0	BOOL			☐	☐	閥門啟動回保持
W1	BOOL			☐	☐	ABC槽排出完畢
TON_1	TON			☐	☐	計時5秒
TON_A	TON			☐	☐	A槽流入時間
A_End	BOOL			☐	☐	A槽結束
TON_B	TON			☐	☐	B槽流入時間
B_END	BOOL			☐	☐	B槽結束
TON_C	TON			☐	☐	C槽流入時間
C_END	BOOL			☐	☐	C槽結束

外部變數

名稱	數據類型	常數	註解
Start_Valve	BOOL	☐	啟動閥門
Capacity_display	INT	☐	ABC排出總顯示量
A_Endlamp	BOOL	☐	A槽排出終了指示燈
A_Valve	BOOL	☐	A槽閥門
B_Endlamp	BOOL	☐	B槽排出終了指示燈
B_Valve	BOOL	☐	B槽閥門
C_Endlamp	BOOL	☐	C槽排出終了指示燈
C_Valve	BOOL	☐	C槽閥門
A_Excretion	INT	☐	A槽排出量資料
B_Excretion	INT	☐	B槽排出量資料
C_Excretion	INT	☐	C槽排出量資料
All_Endlamp	BOOL	☐	全部滅燈
A_Capacity_display	INT	☐	A排出顯示
B_Capacity_display	INT	☐	B排出顯示
C_Capacity_display	INT	☐	C排出顯示

9-1-3 原料槽系統程式:

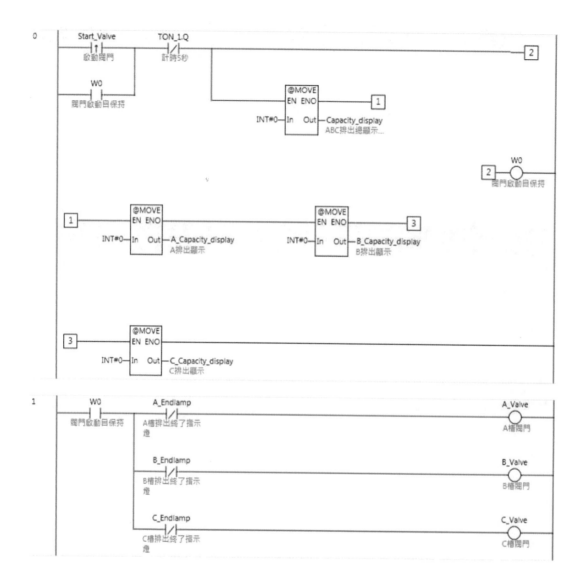

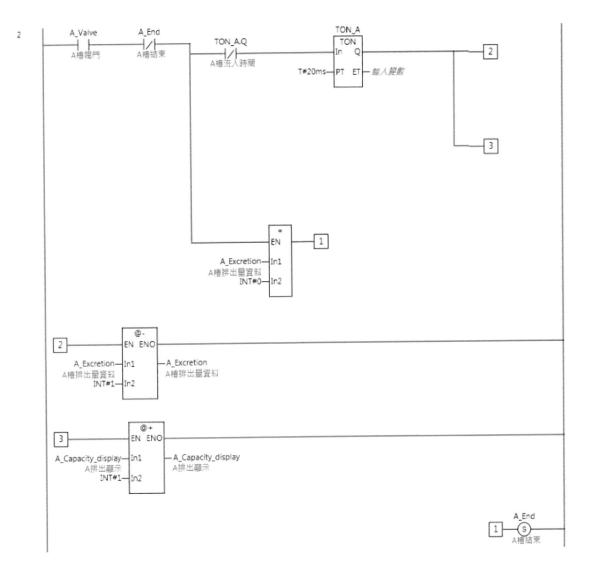

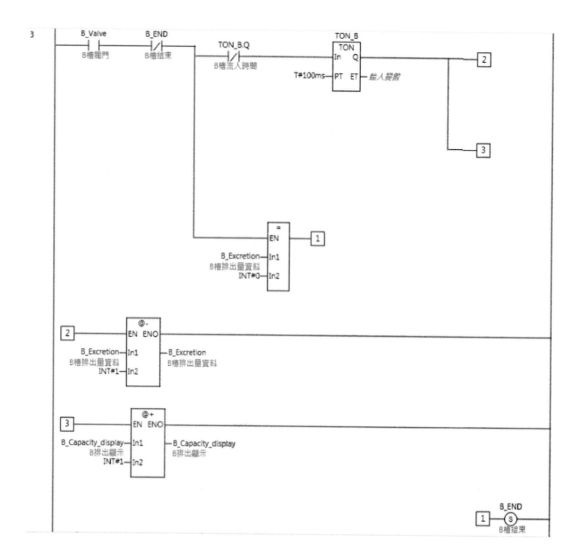

194

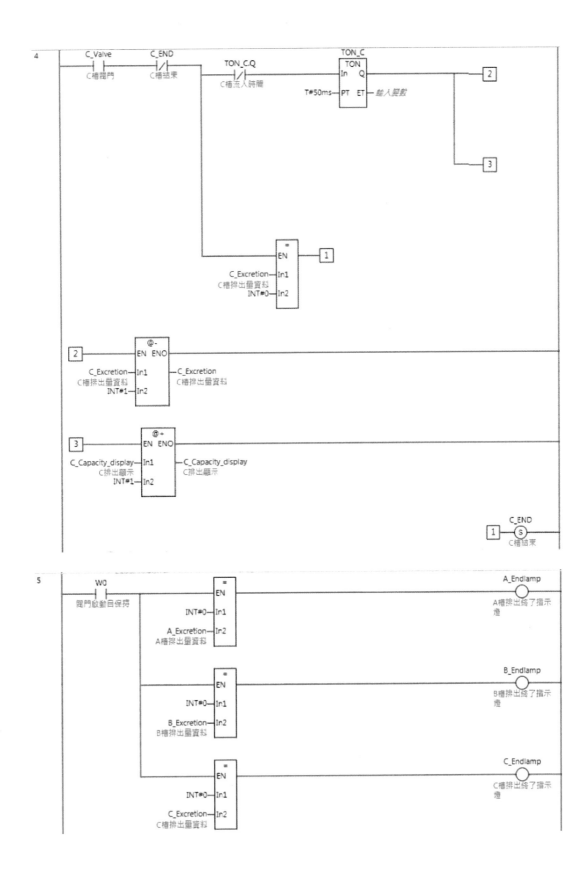

195

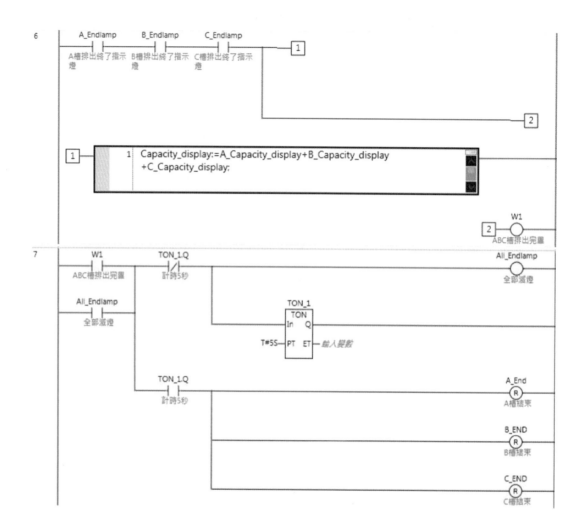

9－2 自動販賣機

9-2-1系統構成

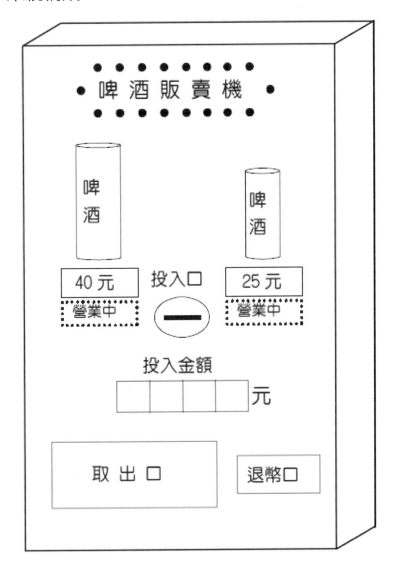

操作說明：

    ⑴飲料自動販賣機，大罐 40 元、小罐 25 元。

    ⑵投入金額超過定價時，各自的營業中燈亮。

    ⑶投入金額會顯示在面板上。

    ⑷選擇大罐、小罐後，找零金額會顯示在面板上 3 秒鐘。

     *投入金額以 1 元/10 元為單位，機器會各自計數。

9-2-2 參數設定

1) 輸出入變數

1元硬幣	NT_1
10元硬幣	NT_10
小罐選擇開關	Small_select
大罐選擇開關	Big_select
小罐營業燈	Small_lamp
大罐營業燈	Big_lamp
金額顯示面板	Cash_display

2) CPU 擴充機架設定

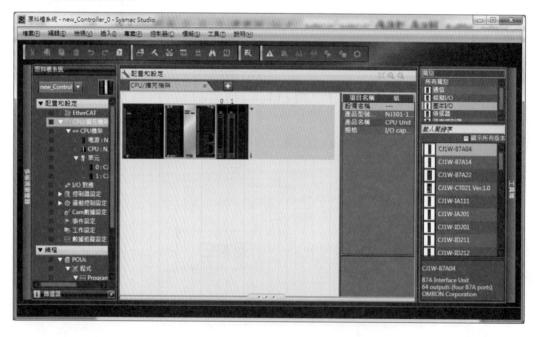

2) I/O 對應 Input 模組變數設定

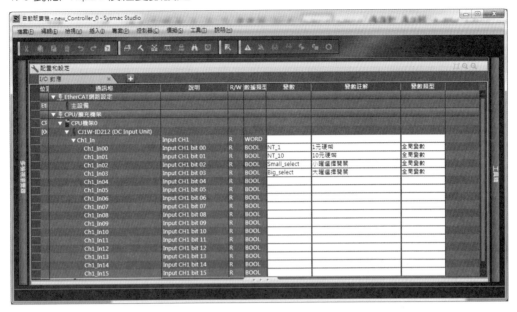

3) I/O 對應 Output 模組變數設定

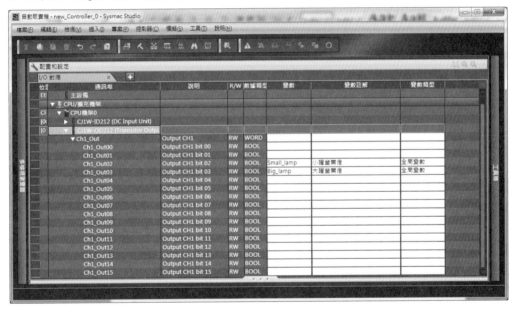

4) 主要變數（內/外部變數）

內部變數區

名稱	數據類型	初始值	分配到	保持	常數	註解
W0	BOOL			☐	☐	選擇小罐
W1	BOOL			☐	☐	選擇大罐
W2	BOOL			☐	☐	選擇完車
TON_1	TON			☐	☐	計時3秒

外部變數區

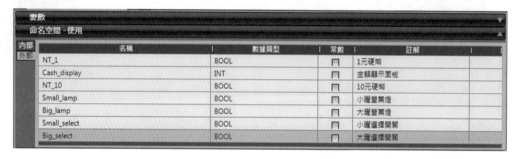

名稱	數據類型	常數	註解
NT_1	BOOL	☐	1元硬幣
Cash_display	INT	☐	金額顯示面板
NT_10	BOOL	☐	10元硬幣
Small_lamp	BOOL	☐	小罐營業燈
Big_lamp	BOOL	☐	大罐營業燈
Small_select	BOOL	☐	小罐選擇開關
Big_select	BOOL	☐	大罐選擇開關

9-2-3 自動販賣機程式：

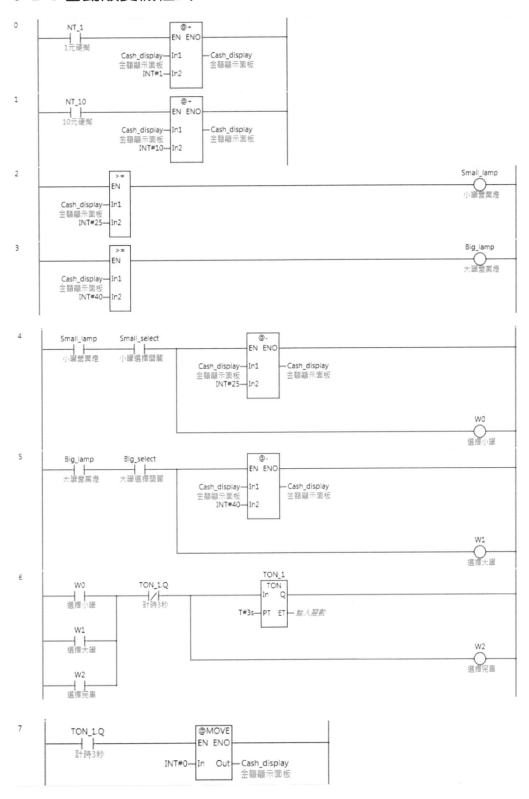

9-3 馬達運轉基本功能

9-3-1 系統動作

(Servo_On、原點復歸、正反轉、相對定位、絕對定位)

範例：一台設備做 Home、JOG、Position 控制流程

(1) 當 StartPg 為 True 時，則第一軸、第二軸執行 Servo On。

(2) 當 Axis1_Jog_F 為 True 時，第一軸正轉；Axis1_Jog_N 為 True 時，第一軸反轉。
　　當 Axis2_Jog_F 為 True 時，第二軸正轉；Axis2_Jog_N 為 True 時，第二軸反轉。

(3) 當 SW1 為 True 時，則第一軸執行原點復歸。
　　當 SW2 為 True 時，則第二軸執行原點復歸。

(4) 當 SW3 為 True 時，則第一軸執行絕對位置控制(位置：300mm、速度：2000mm/s)
　　當 SW5 為 True 時，則第二軸執行絕對位置控制(位置：2000mm、速度：2000mm/s)

(5) 當 SW4 為 True 時，則第一軸執行相對位置控制(位置：300mm、速度：3000mm/s)
　　當 SW6 為 True 時，則第二軸執行相對位置控制(位置：3000mm、速度：3000mm/s)

9-3-2 參數設定：

1) 內部變數表

StartPg	BOOL	全軸Servo_On
Lock1	BOOL	Axis1_Lock1
Lock2	BOOL	Axis2_Lock2
PWR1	MC_Power	
Pwr1_Status	BOOL	Axis1_Servo_On完成
PER2	MC_Power	
Pwr2_Status	BOOL	Axis2_Servo_On完畢
SW1	BOOL	Axis1_原點復歸執行
SW2	BOOL	Axis2_原點復歸執行
HM1	MC_Home	
Hm1_D	BOOL	Axis1_原點復歸完畢
HM2	MC_Home	
Hm2_D	BOOL	Axis2_原點復歸完畢
Pwr1_Busy	BOOL	Axis1_忙碌
Pwr1_Err	BOOL	Axis1_異常
Pwr1_ErrID	WORD	Axis1_異常碼
Pwr2_Busy	BOOL	Axis2_忙碌
Pwr2_Err	BOOL	Axis2_異常
Pwr2_ErrID	WORD	Axis2_異常碼
Hm1_Busy	BOOL	Axis1_原點復歸忙碌
Hm1_Ca	BOOL	
Hm1_Err	BOOL	Axis1_異常
Hm1_ErrID	WORD	Axis1_異常碼
Hm2_Busy	BOOL	Axis2_忙碌
Hm2_Ca	BOOL	
Hm2_Err	BOOL	Axis2_異常
Hm2_ErrID	WORD	Axis2_異常碼

Axis1_Jog_F	BOOL	第一軸正轉
Axis1_JogF	MC_MoveJog	
Axis1_Jog_N	BOOL	第一軸反轉
Axis1_Jog_Vel	LREAL	第一軸JOG速度
Axis1_Acc	LREAL	JOG加速度
Axis1_Dec	LREAL	JOG減速度
Axis2_Jog_F	BOOL	第二軸正轉
Axis2_JogF	MC_MoveJog	
Axis2_Jog_N	BOOL	第二軸反轉
Axis2_Jog_Vel	LREAL	第二軸JOG速度
Axis2_Acc	LREAL	第二軸加速度
Axis2_Dec	LREAL	第二軸減速度

SW3	BOOL	Axis1絕對位置啟動
SW4	BOOL	Axis1相對位置啟動
Axis1_Pos_Abs	MC_MoveAbsolute	
Axis1_MoveRel	MC_MoveRelative	
Move_Pos	LREAL	Axis1_移動位置
Move_Vel	LREAL	Axis1_移動速度
Move_Acc	LREAL	Axis1_加速度
Move_Dec	LREAL	Axis1_減速度
SW5	BOOL	Axis2_絕對位置啟動
SW6	BOOL	Axis2相對位置啟動
Move_Pos1	LREAL	Axis2_位置
Move_Vel1	LREAL	Axis2_速度
Move_Acc1	LREAL	Axis2_加速度
Move_Dec1	LREAL	Axis2_減速度
Axis2_Pos_Abs	MC_MoveAbsolute	
Axis2_MoveRel	MC_MoveRelative	

2) 外部變數表

MC_Axis000	_sAXIS_REF	Axis1
MC_Axis001	_sAXIS_REF	Axis2
MC_Group000	_sGROUP_REF	群組
CamProfile0	ARRAY [0..30000] OF _sMC_CAM_REF	

3) EtherCAT 節點位址/網路設定

4) 軸設定

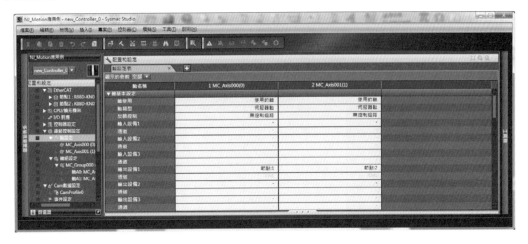

5) 電子齒輪比基本設定（跟機構參數相對應）

6) 原點復歸參數設定、位置計數模式

9-3-3 馬達運轉基本功能程式：

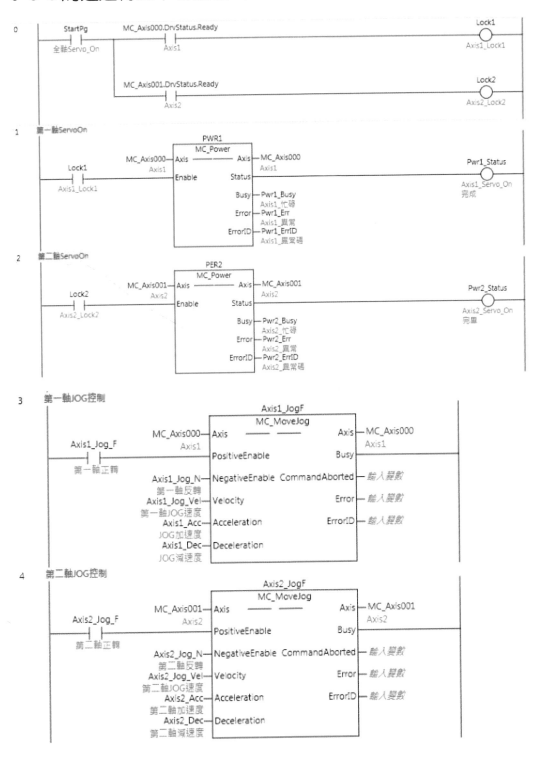

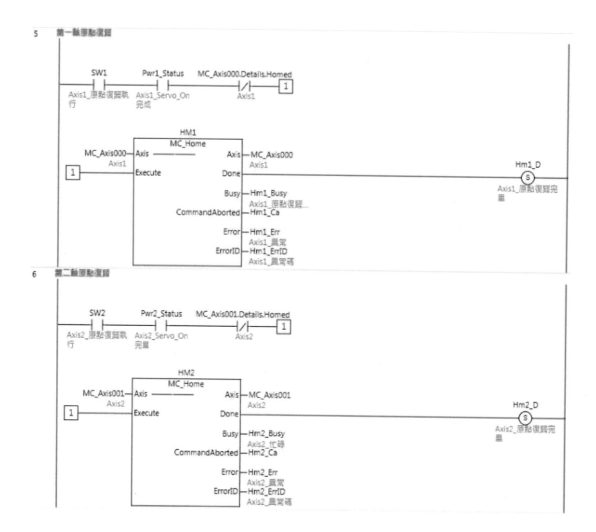

5 第一軸原點復歸

SW1   Pwr1_Status   MC_Axis000.Details.Homed
─┤├─   ─┤├─   ─┤/├─   ─[1]
Axis1_原點復歸執   Axis1_Servo_On   Axis1
行   完成

                    HM1
                  MC_Home
MC_Axis000─ Axis   Axis ─MC_Axis000
    Axis1   Axis1   Hm1_D
[1]────────── Execute   Done ───────────────────(S)
                                                    Axis1_原點復歸完
                          Busy ─Hm1_Busy   畢
                                Axis1_原點復歸...
                 CommandAborted ─Hm1_Ca

                         Error ─Hm1_Err
                                Axis1_異常
                       ErrorID ─Hm1_ErrID
                                Axis1_異常碼

6 第二軸原點復歸

SW2   Pwr2_Status   MC_Axis001.Details.Homed
─┤├─   ─┤├─   ─┤/├─   ─[1]
Axis2_原點復歸執   Axis2_Servo_On   Axis2
行   完畢

                    HM2
                  MC_Home
MC_Axis001─ Axis   Axis ─MC_Axis001
    Axis2   Axis2   Hm2_D
[1]────────── Execute   Done ───────────────────(S)
                                                    Axis2_原點復歸完
                          Busy ─Hm2_Busy   畢
                                Axis2_忙碌
                 CommandAborted ─Hm2_Ca

                         Error ─Hm2_Err
                                Axis2_異常
                       ErrorID ─Hm2_ErrID
                                Axis2_異常碼

7　第一軸絕對位置控制

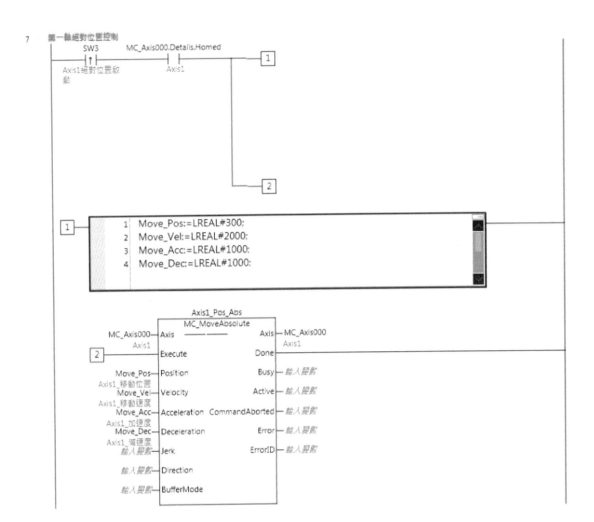

8 第二軸絕對位置控制

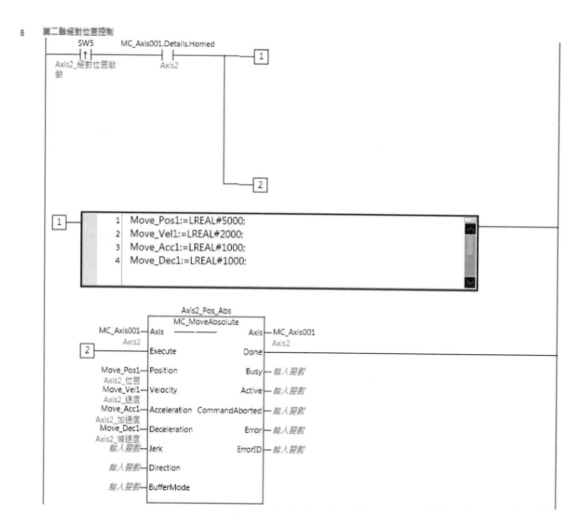

```
1   Move_Pos1:=LREAL#5000;
2   Move_Vel1:=LREAL#2000;
3   Move_Acc1:=LREAL#1000;
4   Move_Dec1:=LREAL#1000;
```

Axis2_Pos_Abs
MC_MoveAbsolute

MC_Axis001 — Axis		Axis — MC_Axis001
Axis2		Axis2
— Execute		Done —
Move_Pos1 — Position		Busy — 輸入變數
Axis2_位置		
Move_Vel1 — Velocity		Active — 輸入變數
Axis2_速度		
Move_Acc1 — Acceleration	CommandAborted — 輸入變數
Axis2_加速度		
Move_Dec1 — Deceleration		Error — 輸入變數
Axis2_減速度		
輸入變數 — Jerk		ErrorID — 輸入變數
輸入變數 — Direction		
輸入變數 — BufferMode		

9 第一軸相對位置控制

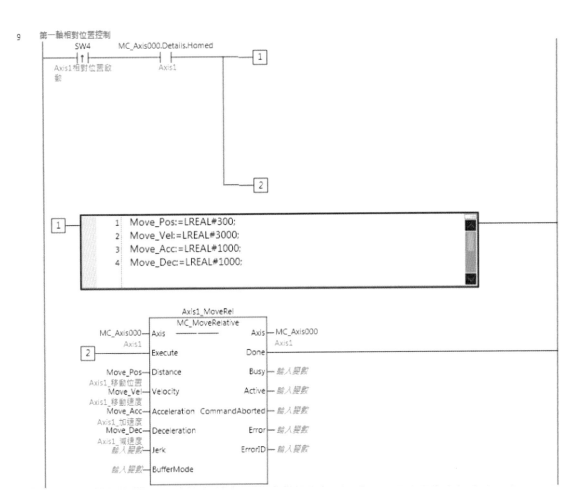

10　第二軸相對位置控制

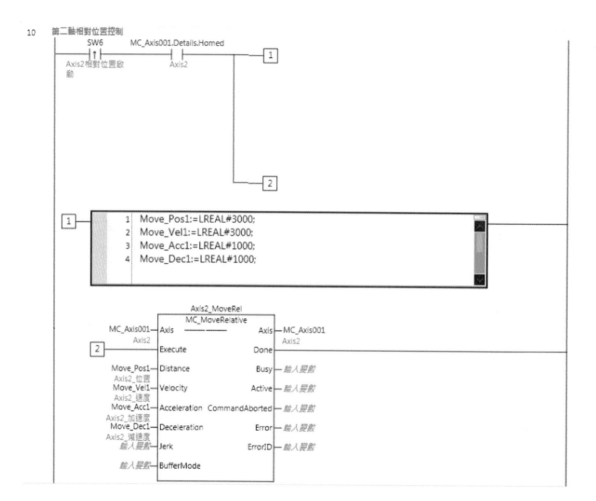

附錄

參考資料

附－1 其他指令

附-1-1 其他資料傳送指令

■ MoveBit

· 將轉送來源位元位置「In」中的位元位置「InPos」位元複製到轉送目標位元位置「InOut」的位元位置「InOutPos」。

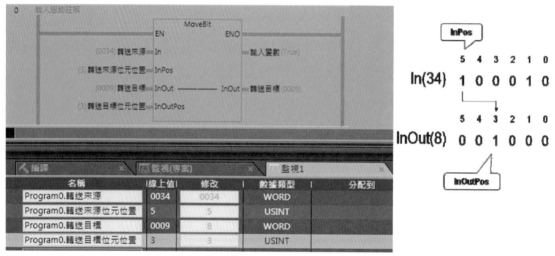

■ MoveDigit

· 將轉送來源位元位置「In」中，以位數位置「InPos」起始的多個位數（1個位數以上、1個位數為4位元)複製到轉送目標位元位置「InOut」的位數位置「InOutPos」。

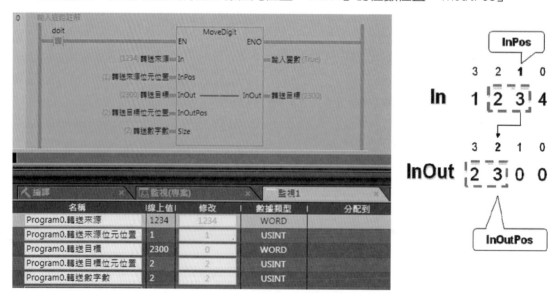

214

■ TransBits

· 可將轉送來源位元位置「In」中，以位元位置「InPos」起始的多個位元（1 個位數以上）
複製到轉送目標位元位置「InOut」的位元位置「InOutPos」。

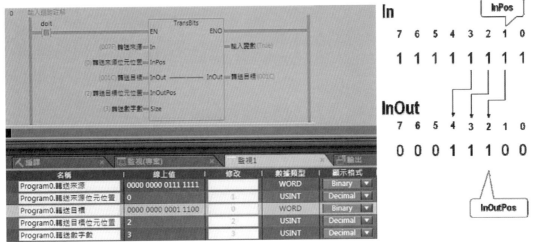

■ Clear

· 包含「InOut」數值者皆會被初始化為 0。

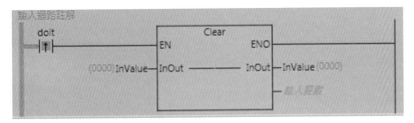

■ Copy**To**

· Copy**To**指令群組係以位元為單位複製。

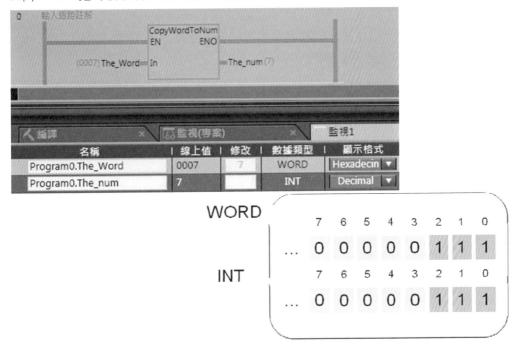

附-1-2 算數指令

■NJ 系列支援多種算術指令。

基本運算	指數/對數/亂數/ 小數部分	陣列管理
ADD (+)	SQRT	AryAdd
AddOU (+OU)	LN and LOG	AryAddV
SUB ()	EXPT	ArySub
SubOU (OU)	Rand	ArySubV
MUL (')	ModReal	AryBCD
MulOU ('OU)	Fraction	AryBin
DIV (/)	CheckReal	AryMean
MOD		ArySD
ABS		
Inc and Dec		

三角函數
RadToDeg and DegToRad
SIN, COS, and TAN
ASIN, ACOS, and ATAN

（1） 基本運算
- 幾乎所有的基本運算功能皆支援整數類型及實數類型。
- NJ 中，舉例可利用 ADD 指令等自動轉換為您所需要的數據類型。

■ ADD（+）指令
- 為 2 ~ 5 個整數或實數進行加法計算。
- 累加值為 In1 ~ In5 或是加法計算結果相異的數據類型亦適用。
- ADD 指令和+指令的功能完全相同。

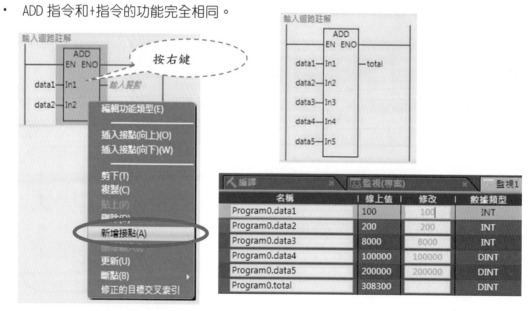

216

（2） 三角函數

執行實數的三角函數運算。

- SIN：sin（正弦值）　　　- COS：cos（餘弦值）　　　- TAN：tan（正切值）

範例）　求出「In」的 cos（餘弦值）。

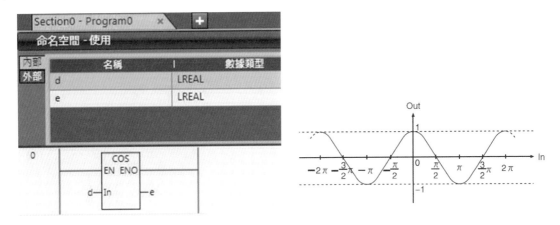

（3）指數/對數/亂數/小數部分

範例）利用 EXPT 指令，求出兩實數的次方運算值。

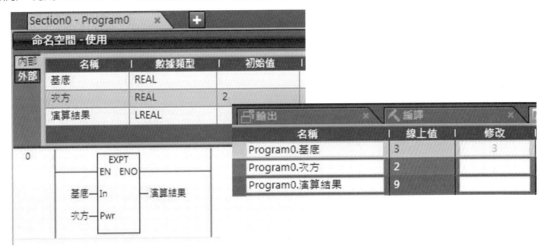

附-1-3　比較指令

比較時，請使用以下指令。

- EQ(=)、NE(<>)、LT(<)、LE(<=)、GT(>)、GE(>=)
- Ｃｍｐ
- ＺｏｎｅＣｍｐ
- ＴａｂｌｅＣｍｐ
- ＡｒｙＣｍｐ*
- ＡｒｙＣｍｐ*Ｖ
- 註：「*」包含 EQ、NE、LT、LE、GT、GE。

■單純運算子指令
針對多筆資料進行比較。單純運算的指令語包含以下幾種。

- ・EQ (=)　　・NE (<>)　　・LT (<)　　・LE (<=)　　・GT (>)　　・

※EQ 和=、NE 和< >等功能完全相同，您不妨選擇自己覺得好用的功能。

練習
請編寫一個可比較 IN1 和 IN2 的數值，而且當 IN1 = IN2 時，輸出 OUT1，若 IN1 >= IN2，則讓 OUT2 ON 的程式。

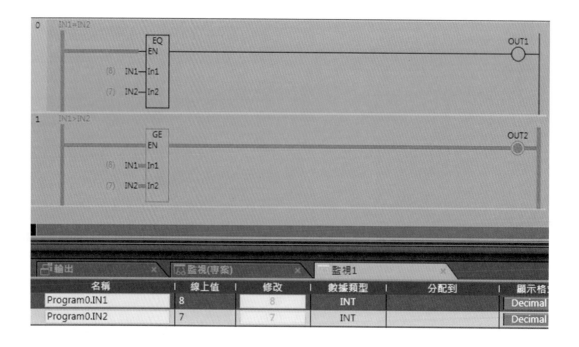

<参考> 其他指令使用範例

■ Cmp（比較）

· 可用來比較 2 個數值，並輸出比較旗標的數值。

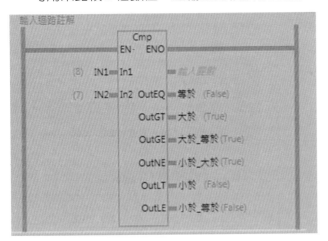

■ ZoneCmp（區域比較）

· 倘符合下列條件，即輸出 TRUE。

MN <= In <= MX

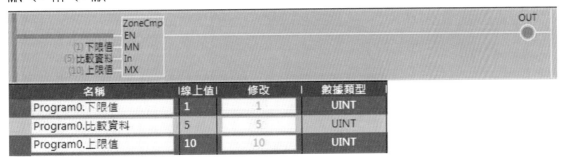

名稱	線上值	修改	數據類型
Program0.下限值	1	1	UINT
Program0.比較資料	5	5	UINT
Program0.上限值	10	10	UINT

附-1-4 比較指令

■ MemCopy

· 將傳送要素數「Size」所指定的多個陣列要素,從傳送來源端陣列「In[ ]」複製到傳送目的端陣列「AryOut[ ]」。

練習
請依右圖所示,將 data1 No. 0 起始的 3 個要素傳送到 data2 No. 2 以後的編號。

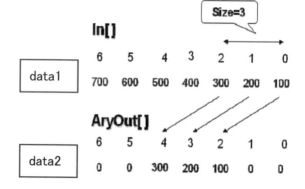

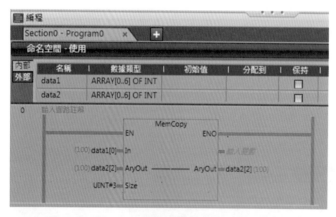

■ SetBlock

· 在傳送來源端陣列「AryOut[ ]」設定傳送要素數「Size」所要指定的要素數，當作傳送端「In」的數值。

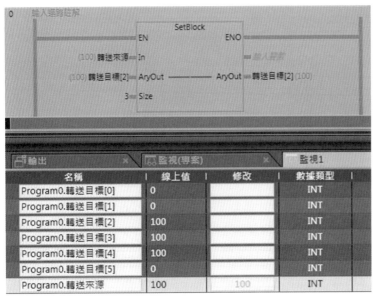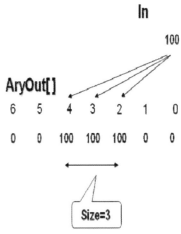

■ Exchange （資料交換）

· 將「InOut1」及「InOut2」的數值互相交換。

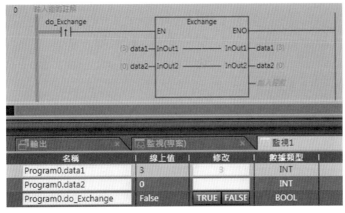

■ AryExchange（陣列資料交換）

· 將「InOut1[ ]」及「InOut2[ ]」這 2 個陣列的要素互相交換。

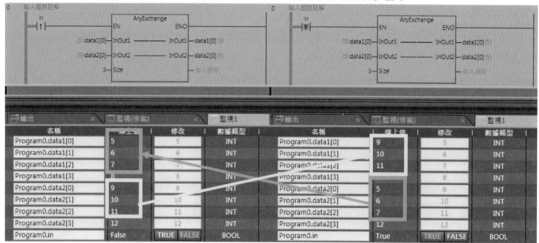

■ AryMove（陣列傳送）

· 將傳送要素數「Size」所指定的多個陣列要素，從傳送目的端陣列「In」複製到傳送結果端陣列「AryOut」。

· 傳送內容和傳送目標的數據類型即使相異也無妨。

· 倘數據類型相同，MemCopy 指令的處理速度則更快。

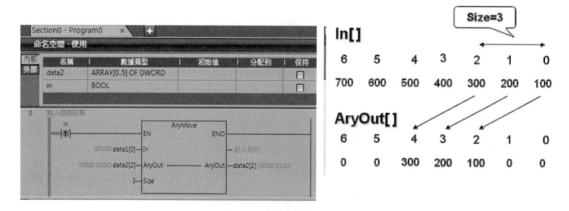

附-1-5　比較指令(陣列)

■　AryCmp** (比較運算)
· 將 2 組比較陣列「In1[ ]」及「In2[ ]」的所有要素相較,然後再利用 BOOL 將結果輸出至比較結果陣列「AryOut[ ]」中。
· 比較要素數取決於「Size」參數。

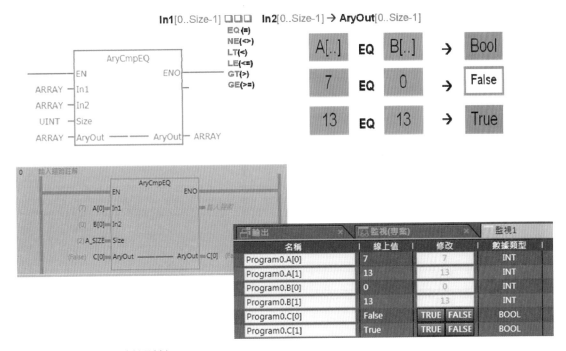

■　AryCmp**V (比較運算)
· 將比較陣列「In1[ ]」與比較數值「In2」互相比較,然後再利用 BOOL 將結果輸出至比較結果陣列「AryOut[ ]」。
· 比較要素數取決於「Size」參數。

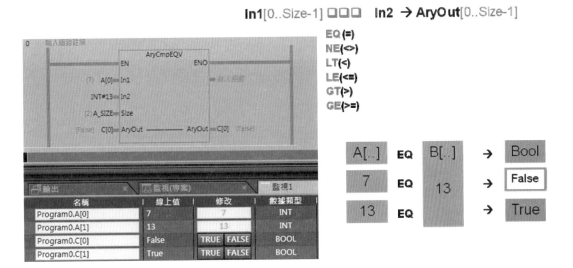

附－2 初始化

在實習的最後一個單元，我們要來清除控制器所有記憶體（初始化）。

① 請將裝置連線，並設定為程式模式。

② 請由選單列選擇[控制器]－[清除所有記憶]。

③ 選擇[確定]。

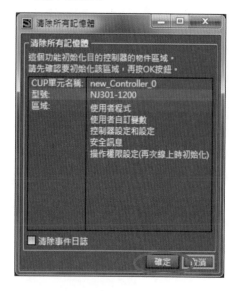

附－3　內置 EtherNet/IP 通訊埠設定

此功能可針對使用控制器所內建的 EtherNet/IP 埠（TCP/IP 設定等）進行通訊時的相關設定。

① 進入多檢視瀏覽器，並雙擊[配置和設定]－[控制器設定]－[內置 EtherNet/IP 通訊埠設定]。（或是按下滑鼠右鍵，選擇[編輯]。）

② [配置和設定]對話框中將顯示[內置 EtherNet/IP 通訊埠設定]。點選每個圖示鍵，即可開始進行設定。

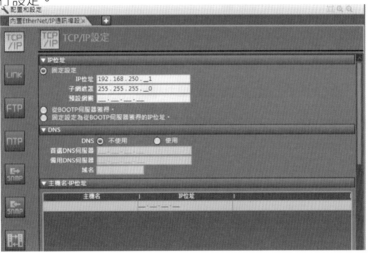

項目名稱	圖示鍵	說明
TCP/IP		可執行 EtherNetIP 埠的 TCP/IP 設定。
LINK 設定		可設定 EtherNetIP 埠的傳送速度。
FTP		可設定使用/不使用 FTP 伺服器，或是使用時之相關進階設定。
NTP		可設定使用/不使用 NTP 功能(自動調整時間)，或是使用時之相關進階設定。
SNMP		可設定使用/不使用 SNMP 功能(監控功能)，或是使用時之相關進階設定。
SNMP Trap		可設定使用/不使用 SNMP Trap 功能(檢測網路異常)，或是使用時之相關進階設定。
FINS		可針對 EtherNet/IP 埠進行 FINS 通訊設定。 詳細內容請參閱後面章節「FINS 設定」之相關說明。

附－4　EtherCAT 設定

利用 Sysmac Studio 即可針對連接至 NJ 系列 CPU 模組內建的 EtherCAT 埠之 EtherCAT 子局
配置進行編輯，或是進行 EtherCAT 主局及子局設定。

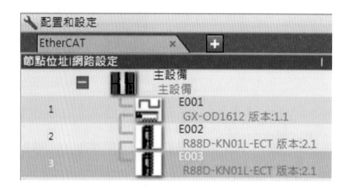

附-4-1　EtherCAT 配置之編輯步驟

① 進入多檢視瀏覽器，選擇[配置和設定]並
　　雙擊[EtherCAT]。
　　（或是按下滑鼠右鍵，選擇[編輯]。）

② 當[配置和設定]的編輯視窗中，顯示
　　EtherCAT 配置編輯畫面。
　　系統已登錄主局/子局。

③ 登錄子局。
　　在工具箱中選擇子局。
　　並拖放到[配置和設定]的編輯視窗中
　　（EtherCAT 編輯畫面）拓樸畫面上所顯
　　示的主機。或是在工具箱的子局上
　　雙擊滑鼠，依序新增子局。

※若您知道型號，也可以
　從以下畫面中搜尋。

④ 即可在主局下方新增子局。

226

⑤ 新增子局。

在工具箱中選擇子局。

並拖放到[配置和設定]的編輯視窗中(EtherCAT 編輯畫面)拓樸畫面上所顯示的子局。

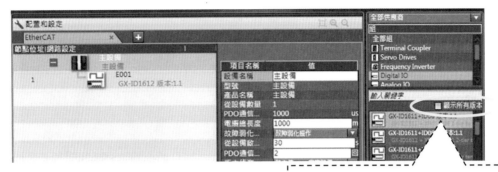

┌─────────────────────────────┐
※若您想要叫出未顯示在畫面上的
子局,請勾選此核取方塊。
└─────────────────────────────┘

〈使用注意事項〉

　　登錄子局時,請依實際的子局排列及順序進行登錄。順序不同,將造成網路配置異常。

附-4-2 依實際網路配置進行設定之方法

① 將裝置設定為連線。

② 進入 EtherCAT 配置編輯畫面,並在
主局上按一下滑鼠右鍵,然後選擇[與物
理網路設定比較和合併]。

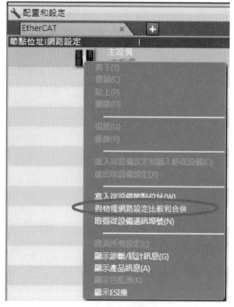

③ 當系統就會讀出實際網路配置的資料後,點擊[套用物理網路設定]。

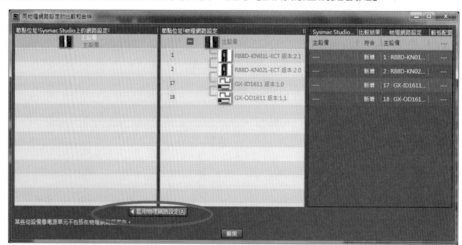

④ 系統就會依照實際網路配置來建立 Sysmac Studio 上的網路配置了。

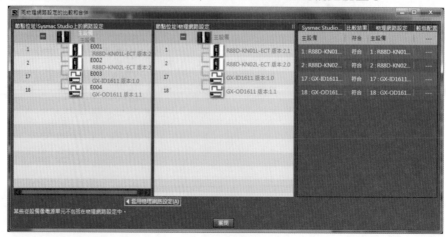

附-4-3 主局設定步驟

① 選擇[配置和設定]編輯視窗(EtherCAT 編輯畫面)中的主局圖示。

② 畫面上將顯示[主局參數設定]。
接著,即可開始進行主局參數設定。

附-4-4 子局設定步驟

① 選擇[配置和設定]編輯視窗(EtherCAT 編輯畫面)中的子局圖示。

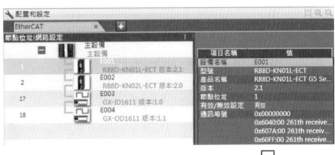

② 畫面上將顯示[子局參數設定]。
可執行子局的參數設定。

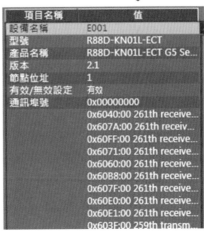

229

附－5 登錄陣列變數的方法

本頁將以下列陣列變數為例進行說明。

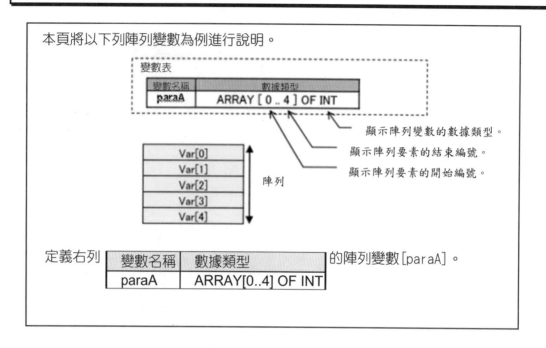

定義右列

變數名稱	數據類型
paraA	ARRAY[0..4] OF INT

的陣列變數[paraA]。

① 開啟區域變數表（內部變數）。新增變數，
並在名稱欄中輸入「paraA」。

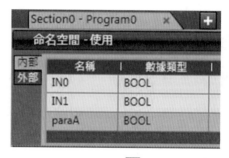

② 在變數表的數據類型欄中輸入「A」。
下拉式數據類型名稱中選擇「ARRAY
[？…？] OF？」。

③ 在[？…？]部分左方的？鍵入要素的開始
編號「0」、並在右方的？鍵入結束編號
「4」，OF？的？部分則鍵入數據類型
「INT」。
即可完成變數登錄。

變數名稱	數據類型
paraB	ARRAY[0..4] OF INT

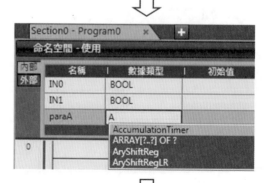

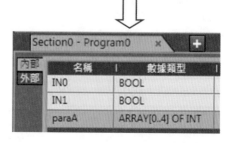

您也可以輸入 INT[5] 到上一頁的陣列變數中。

接下來將說明與上一頁數據類型相同的 paraB 之登錄範例。

① 開啟區域變數表（內部變數）。
新增變數，並在名稱欄中輸入「paraB」。

② 在變數表的數據類型欄中輸入「INT[5]」。

③ 按下 ENTER 鍵確定輸入內容後，系統就會自動登錄「ARRAY [0…4] OF INT」。

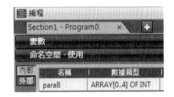

附－6　各種變數類型是否有屬性

下表為各種變數種類以及其是否具有 POU（程式、功能、功能區塊）屬性。

變數種類	全局變數	程式		功能區塊			功能					
		區域(Local)變數	外部變數	內部變數	輸出輸入變數	外部變數	內部變數	輸入變數	輸出變數	輸出輸入變數	外部變數	回覆值
名稱	○	○	○	○	○	○	○	○	○	○	○	○
數據類型	○	○	○	○	○	○	○	○	○	○	○	○
初始值	○	○	X	○	○	X	○	○	○	X	X	X
分配到	○	○	X	X	X	X	X	X	X	X	X	X
保持	○	○	○	○	○	X	X	X	X	X	○	X
常數	○	○	○	○	○	○	○	○	○	○	○	○
網路公開	○	X	X	X	X	X	X	X	X	X	X	X
註解	○	○	○	○	○	○	○	○	○	○	○	X
輸入/輸出	X	X	X	○	○	X	○	○	○	○	X	X
邊緣	X	X	X	X	○	X	X	○	○	X	X	X

摘自『自動化軟體 Sysmac Studio Version 1 操作手冊』

附-7 ST 編程 FB 和 FUN

附-7-1 呼叫 FB

如欲利用 ST 編程來使用功能區塊，使用前必須先將 FB 類型的實例定義在變數表中。

輸入變數利用「:=」將引數傳送到參數中。

輸入變數利用「=>」為參數及引數建立相關性。

輸出輸入變數使用符號「:=」

```
實數名稱 (<Input_1>:=… ,
          <Input_n>:=…   ,
          <Output_1>  =>… ,
          <Output_n>  =>… ,
          <Input_output_1>  :=… ,
          <Input_output_n>):=… );
```

■使用範例

・ 階梯圖程式

```
                          P_oN2
                        MC_Power
 BB  MC_Axis001─┤Axis        Axis├─Enter Variable              ok2
                │Enable      Status├                          ─○─
                │            Busy├─NotReady
                │            Error├─Alarm
                │            ErrorID├─ErrID
```

・ ST

```
P_oN2(
     Axis := MC_Axis001,
     Enable := BB,
     Status =>ok2,
     Busy =>NotReady,
     Error =>Alarm,
     ErrorID =>ErrID);
```

呼叫功能區塊時，將省略對於未使用區塊的輸入輸出等相關敘述，省略的參數將會被當作初始值使用。

■使用範例
- 階梯圖程式

- ST

```
pw_oN (Axis := MC_Axis000,
       Enable := AA,
       Status =>ok,
       Busy =>,
       Error =>,
       ErrorID =>);
```

```
pw_oN (Axis := MC_Axis000,
       Enable := AA,
       Status =>ok,
       );
```

如以下所示，當功能區塊執行完成後，即可由主程式上參照功能區塊的輸出變數。

```
pw_oN (
       Axis := MC_Axis000,
       Enable := AA,
       Status =>ok,
       Busy =>NotReady,
       );
```

```
ok:= pw_oN.Status ;

NotReady:= pw_oN.Busy ;
```

附-7-2　FUN 使用方法

功能和傳統的指令一樣，只要直接呼叫就能使用。

<變數名稱> := 功能名稱(<參數 1>, … ,<參數 n>)

■使用範例

```
Production_1:=ProductionSpeed(
        Enable:=TRUE,
        SetPoint:=45,
        Diameter:=345.6);


Production_2:=ProductionSpeed(
        Enable:=TRUE,
        SetPoint:=46,
        Diameter:=220);
```

呼叫功能時，可省略輸入引數。
省略的輸入引數可被配置為初始值。

```
Production_3:= ProductionSpeed(
    Enable:=    ,
    Diameter:=345.6);
```

```
Production_3:= ProductionSpeed(
    Diameter:=345.6);
```

附-7-3 ST 語法中對於結構體之使用方法

結構中包含成員的變數將以點「.」來標示並互相連接。

> ⟨變數名稱⟩ := ⟨結構⟩ . ⟨結構中的成員變數⟩;

範例）abc.X　　結構變數 abc 中的成員 X

當結構體中的成員另外有包含其他結構體時，可使用相同的規則進行存取。

> ⟨變數名稱⟩ := ⟨結構 1⟩ . ⟨結構 2⟩ . ⟨結構中的成員變數⟩;

範例）abc.def.X　　X 為結構體 abc 的成員 def（也是結構體）的成員

■使用範例

```
Motor_1.Enable:=TRUE;
Motor_1.Setpoint:=459;
Motor_1.Value:=0;
EncoderValue:= Motor_1.Encoder;
Motor_1.State.StandStill:=TRUE;
Motor_1.State.StateCode:=100;
```

附－8　ST 及階梯圖語言之比較

（1）　代入

```
Starter:=TRUE;
```

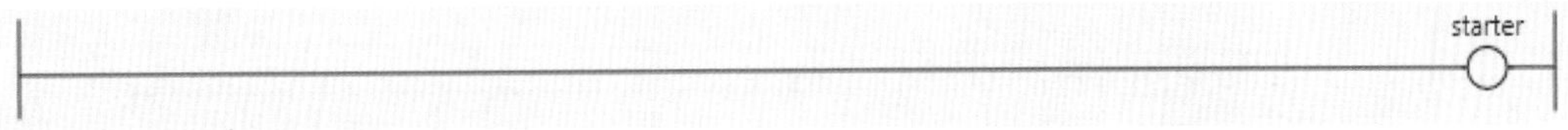

（2）　邏輯運算（Logic 運算）

```
MotorRun:=(Enable OR ConveyorON)
          AND MotorStopped
          AND NOT Alarm;
```

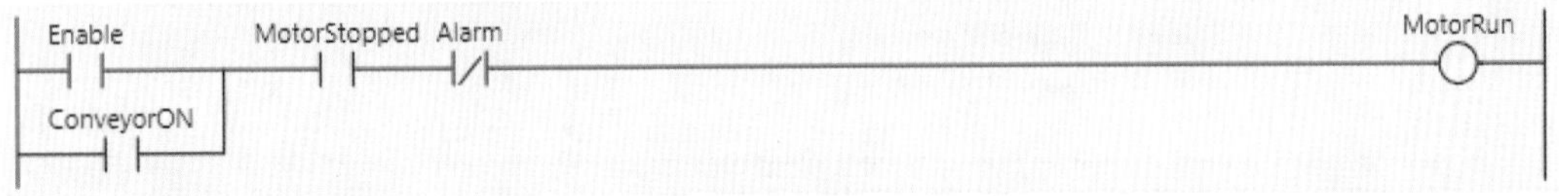

(3)有條件代入

```
IF Enable THEN
    IF Alarm THEN
        Status:=100;
    ELSE
        Status:=0;
    END_IF;
END_IF;
```

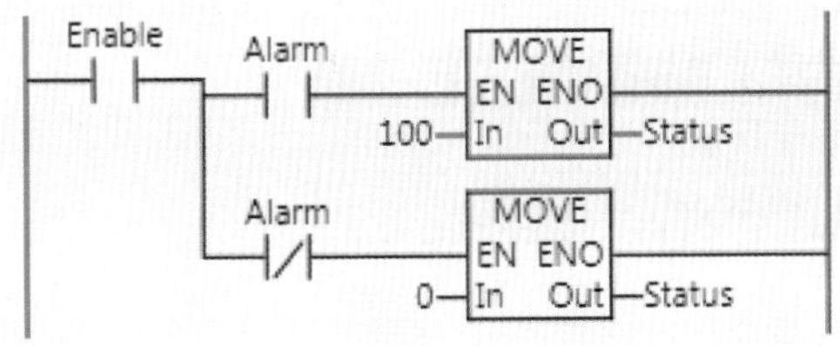

(4)分歧

```
CASE Status OF
    10: Setpoint:=100;
    20: Setpoint:=340;
    30: Setpoint:=500;
END_CASE;
```

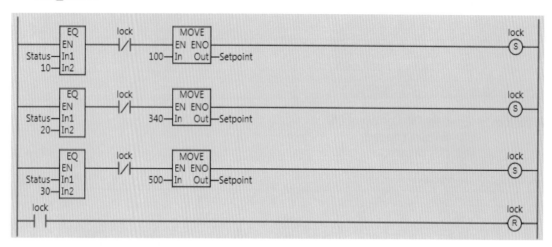

※「lock」變數可用來模擬 CASE 的動作。

如此，每個週期就能執行 1 項條件。

(5)上微分、下微分

```
Rising_edge(Clk:=Enable);
Falling_edge(Clk:=Enable);

IF Rising_edge.q THEN
    Value:=TRUE;
END_IF;

IF Falling_edge.q THEN
    Valve:=FALSE;
END_IF;
```

使用「名稱.q」的格式。

此數據類型可用來檢測
上微分/下微分

名稱	數據類型
Rising_Edge	R_TRIG
Falling_Edge	F_TRIG

(6)計時器及計數器

名稱	數據類型
Timer1	TON
Counter1	CTU

Timer_1(In:=Enable,PT:=t#100ms,Q=>Value);

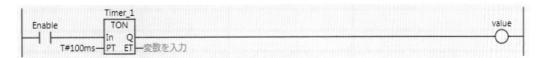

Counter_1(CU:=Enable,Reset:=ResetCTU,PV:=100,Q=>Value);

附－9　捷徑鍵清單

以下為本次研討會所使用到的快速鍵一覽表。

功能	快速鍵	選單
輸入 a 接點	[C]	無
輸入 b 接點	[/]	無
輸入 a 接點 OR	[W]	無
輸入 b 接點 OR	[X]	無
輸入輸出線圈	[O]	無
輸入輸出反向線圈	[Q]	無
呼叫功能區塊	[F]	無
呼叫功能	[I]	無
檢查所有程式	[F7]	[專案]－[檢查所有程式]
檢查所選擇的程式	[Shift] + [F7]	[專案]－[檢查選取的程式]
編譯專案檔	[F8]	[專案]－[編譯控制器]
重編譯專案檔	[Shift] + [F8]	[專案]－[重編譯控制器]
在階梯圖回路中新增行	[R]	[插入]－[迴路]－[線]

備忘頁

國家圖書館出版品預行編目資料

歐姆龍Sysmac NJ基礎應用：符合IEC61131-3語法編程 / 臺灣歐姆龍股份有限公司自動化學院編輯小組編著. -- 初版. -- 臺北市：臺灣歐姆龍, 2014.02
面；　公分
ISBN 978-986-90398-0-2(平裝附數位影音光碟)
1.自動控制
448.9　　　　　　　　　　　　　　103001654

歐姆龍 Sysmac NJ 基礎應用
－符合 IEC61131-3 語法編程

作　　者　　台灣歐姆龍股份有限公司自動化學院編輯小組

出版者　　台灣歐姆龍股份有限公司

　　　　　105 台北市復興北路 363 號 6 樓　　　電話：(02)2715-3331

印刷者　　一江印刷事業有限公司

出　　版　　2014 年 2 月 初版四刷

定　　價　　新台幣 450 元

經　　銷　　全華圖書股份有限公司　　(02)2262-5666

郵政帳號　　0100836-1 號

全華圖書　www.chwa.com.tw

全華網路書店 Open Tech / www.opentech.com.tw

OMRON 台灣歐姆龍股份有限公司

網　　址：http://www.omron.com.tw

免費技術客服專線：008-0186-3102

台北總公司
地址：台北市復興北路 363 號 6 樓
電話：(02)2715-3331

新竹營業所
地址：新竹縣竹北市自強南路 8 號 9 樓之 1
電話：(03)667-5557

台中營業所
地址：台中市台灣大道二段 633 號 11 樓之 7
電話：(04)2325-0834

台南營業所
地址：台南市民生路二段 307 號 22 樓之 1
電話：(06)226-2208